Unity

3D/2D

移动开发实战教程

主　编　朱淑琴

副主编　翟红英

参　编　赵　瑛

机械工业出版社

CHINA MACHINE PRESS

全书分为四大篇，包括基础篇、模型篇、3D 教育软件综合实例篇和
3D AR 教育软件综合实例篇。基础篇主要包括 Unity 2D 开发和 Unity 基
础知识；模型篇包括在 Unity 中创建资源和三维模型设计与制作；后两篇
展示了基于 Unity 引擎的综合性 3D 软件和 3D AR 软件的开发过程。前两
篇是基础操作，后两篇是实战应用。对于基础操作部分，基于小巧实用
的案例讲解知识点；对于实战应用部分，以完整的项目案例为主线，全
面阐述 Unity 的基本操作、资源整理、游戏场景创建、游戏脚本编写、游
戏 UI 制作、各种特效制作以及移动平台上的运用等方面知识。

本书可以作为对 Unity 感兴趣的游戏开发爱好者、移动开发人员进行
学习的参考手册；也可以作为高等院校、职业院校、培训学校等机构的
数字媒体专业、游戏开发专业和计算机相关专业的教学用书。

图书在版编目（CIP）数据

Unity 3D/2D 移动开发实战教程 / 朱淑琴主编. —北京：机械工业出版
社，2020.1（2023.7 重印）

ISBN 978-7-111-64721-8

Ⅰ. ①U⋯ Ⅱ. ①朱⋯ Ⅲ. ①游戏程序－程序设计－教材 Ⅳ. ①
TP311.5

中国版本图书馆 CIP 数据核字（2020）第 024100 号

机械工业出版社（北京市百万庄大街 22 号 邮政编码 100037）
策划编辑：丁 伦 责任编辑：丁 伦
责任校对：张艳霞 责任印制：郜 敏

北京中科印刷有限公司印刷

2023 年 7 月·第 1 版第 3 次印刷
184mm×260mm·19 印张·470 千字
标准书号：ISBN 978-7-111-64721-8
定价：89.00 元

电话服务 网络服务

客服电话：010-88361066 机 工 官 网：www.cmpbook.com
　　　　　010-88379833 机 工 官 博：weibo.com/cmp1952
　　　　　010-68326294 金 书 网：www.golden-book.com
封底无防伪标均为盗版 机工教育服务网：www.cmpedu.com

前　言

随着移动通信的飞速发展和移动智能终端的普及化，移动应用的市场不断扩大。Unity 引擎因其强大的平台兼容性，成为近几年受软件开发者欢迎的开发引擎之一，极大地提升了开发效率。本书即为一本有关 Unity 实战应用型的教程，具体编写体例和特色如下所述。

编写体例：采用"任务要求→任务过程→知识总结→试一试"的编写路线。"任务要求"中对任务以及完成该任务后能够达到的预期目标进行说明，使读者对任务有一个明确的认识；"任务过程"中以图、文、表的方式给出详细的实现步骤，对于程序代码给出解释说明；"知识总结"对任务中的知识点进行提炼整理；"试一试"中会给出一些操作练习，希望读者能深入思考、举一反三。

编写特色：强调理论知识与操作实践结合，避免"理论太强、缺乏实践"或者"强调工程、缺乏详解"等情况发生；重点突出案例，以实用的项目案例作为载体，将知识的拓展与软件开发过程中的迭代相结合，项目贯穿所有知识点，读者可以从案例中掌握 Unity 的核心技术；为了完成各个项目案例，对项目进行任务分隔，将大任务划分为小任务，自顶向下、逐步求解，符合初学者认识事物和解决问题的思维方式；在选择项目案例时，不是单纯地选择娱乐游戏软件，而是将教育和游戏相结合，既体现了案例的娱乐性、趣味性，又兼顾了教育性、实用性。

本书第一篇由翟红英编写；第二篇由赵瑛编写；第三篇和第四篇由朱淑琴编写。翟红英负责第一篇和第二篇的统稿工作；朱淑琴负责第三篇、第四篇的统稿工作以及整本书的规划工作。在整理书稿过程中，王新桐和李可心也参与了本书相关章节实例和基础资料的编写，对此深表感谢。另外王妍欣、杨若晴、刘颂、王润佳和蒋雯钰也参与了本书相关章节的实例和基础资料编写工作，在此对上述人员一并表示感谢！感谢北京联合大学出版资助！

本书由朱淑琴任主编，翟红英任副主编，赵瑛任参编。由于编者水平有限，不完善之处在所难免，还望读者朋友不吝赐教！

编　者

目　录

第二篇 模型篇

第三篇　3D 教育软件综合实例篇

第四篇　3D AR 教育软件综合实例篇

第一篇 基础篇

基础篇主要包括 Unity 2D 开发和 Unity 基础知识，内容安排如下。

- 初识 Unity：该部分主要对 Unity 引擎及其下载和安装方法进行讲解，通过运行 Unity 提供的官方案例，进一步了解 Unity 及其相关操作，利用所学知识，完成第一个 Unity 实例。
- 控制菜单：通过动态控制菜单的制作，学习 Sprite 对象的创建方法、鼠标事件的响应与处理以及多场景的切换方法。
- 种子发芽：通过编排连续的种子发芽动画，学习使用 Animation 制作动画的方法。
- 交通安全：通过交通安全控制动画，学习使用 Animator 进行动画切换的方法。
- 气球漫游：通过该任务学习碰撞器与触发器的使用方法。
- 英语启蒙教育小游戏：综合应用第一篇所学知识，通过具体实例的制作过程，掌握 FingerGestures 手势插件的使用方法。

第1章 初识 Unity

本章首先对 Unity 引擎及其下载和安装进行介绍，通过运行 Unity 提供的官方案例，进一步了解 Unity 及其相关操作，利用所学知识，完成第一个 Unity 实例制作。

1.1 认识 Unity

任务要求

本任务学习 Unity 引擎的相关知识，分步骤演示如何从官网下载并安装 Unity 引擎。安装完成后，通过运行 Asset Store 下载的示例，学习和熟悉 Unity 的编辑器窗口和相关操作。Unity 编辑器窗口和示例的效果如图 1-1 所示。

图 1-1　示例效果图

（资源文件路径：Unity 3D/2D 移动开发实战教程\第 1 章\实例 1）

通过完成任务：

- 了解 Unity 引擎的功能和特点。
- 了解 Unity 的各种版本，掌握下载与安装的操作方法。
- 掌握从 Asset Store 下载示例的方法。
- 熟悉 Unity 的编辑器主界面。

- 掌握 Scene 面板的视图操作方法。
- 掌握 Scene 面板的对象操作方法。
- 理解 Unity 中场景（Scene）、对象（GameObject）和组件（Component）等基本概念。

1.1.1 了解 Unity

Unity 3D 是由 Unity Technologies 开发的一个让玩家可以轻松创建诸如三维视频游戏、建筑可视化、实时三维动画等互动内容的多平台、综合型的游戏开发工具，是一个全面整合的专业游戏引擎。Unity 应用非常广泛，下表列出了基于 Unity 开发的一些游戏。

表 基于 Unity 开发的相关游戏

网页游戏	手机游戏	单机游戏
<ul><li>坦克英雄（网页游戏）</li><li>皇牌海战</li><li>新仙剑Online</li><li>蒸汽之城</li><li>绝代双骄</li><li>Touch</li><li>纵横无双</li><li>将魂三国</li><li>天神传</li><li>QQ乐团</li><li>北欧英灵传</li></ul>	<ul><li>择天记</li><li>王者荣耀</li><li>失落帝国</li><li>地牢女王</li><li>MemoLine!</li><li>炉石传说</li><li>酷酷爱魔兽</li><li>捣蛋猪(Bad Piggies)</li><li>神庙逃亡2</li><li>武士2：复仇</li><li>亡灵杀手：夏侯惇</li></ul>	<ul><li>七日杀</li><li>捣蛋猪(Bad Piggies)</li><li>轩辕剑六</li><li>御天降魔传</li><li>凡人修仙传单机版</li><li>雨血前传：蜃楼</li><li>外科模拟</li><li>新剑侠传奇</li><li>轩辕剑外传：穹之羿</li><li>Sc竞技飞车</li><li>永恒之柱</li><li>围攻（Besiege）</li><li>仙剑奇侠传6</li></ul>

Unity 引擎有如下特点。

1. 强大的可扩展编辑器

Unity 编辑器是为数字艺术家、设计师、开发者及其相关成员们提供的创作中心。支持 Windows 与 Mac 操作系统，包含 2D 与 3D 场景设计工具，所见即所得的模式支持快速编辑与迭代，拥有强大的动画系统。

2. 便捷的图形渲染功能

- 实时渲染引擎：使用实时全局光照和物理渲染，打造高保真的视觉效果。
- 原生图形 API：Unity 支持多个平台，与各个平台的底层图形 API 息息相关，帮助开发者尽可能利用最新的 GPU 与硬件改善，如 Vulkan、iOS Metal、DirectX12、nVidia VRWorks 或 AMD LiquidVR。

3. 支持多平台

Unity 支持多种平台，横跨移动、桌面、主机、TV、VR、AR 及网页平台，如图 1-2 所示。Unity 工作流能够非常方便地将各类应用移植到最新的平台。一次构建，全局部署，实现最大用户规模。

图 1-2　Unity 支持的平台

1.1.2　下载 Unity

Unity 的官方网站提供了 Personal 个人版、Plus 加强版以及 Pro 专业版三个版本。个人版完全免费，但在部分功能上有所限制。加强版与专业版相对于个人版有更多的高级功能，比如实现阴影效果、屏幕特效等。但对一般游戏开发来说，个人版的功能已经绰绰有余了。

步骤① 进入到 Unity 官网（网址 https://unity.com）后，在网页最底端可以选择语言为 Chinese。

步骤② 找到"下载"选项，选择 Unity 选项，进入到 Unity Store 页面。

步骤③ 选择 Personal 个人版，如图 1-3 所示。

步骤④ 在正式使用个人免费版之前，需要输入 Unity 的用户名和密码，如果还没有账户，可以在线激活 Unity，单击"创建 Unity ID"按钮，即可创建一个新的账户，如图 1-4 所示。

图 1-3　Personal 个人版

步骤⑤ 在 Unity 官网下方的"资源"选项区域，单击"Unity 旧版本"链接，即可下载 Unity 已经发布的各种版本，如图 1-5 所示。如果要发布产品，Unity 官方目前建议使用 Unity 2018.4 LTS 稳定支持版。

图 1-4　创建 Unity ID

图 1-5　下载 Unity 旧版本

1.1.3　安装 Unity

通过 Unity 官网下载下来的文件非常小，只是下载助手而已。用鼠标双击下载助手之后，按照出现的页面内容进行安装设置。

步骤① 首先是安装确认，请确认网络连接是否正常，再单击 Next 按钮。

步骤② 使用协议内容阅读后，勾选 I accept the terms of the License Agreement 复选框，再单击 Next 按钮。

步骤③ 然后勾选要安装组件的复选框，在这里选择默认组件即可，再单击 Next 按钮，如图 1-6 所示。

图 1-6　安装组件界面

步骤④ 之后按照 Unity 安装提示，即可完成安装操作。

1.1.4　基本操作

步骤① 打开项目

启动 Unity 后，进入登录界面，如图 1-7 所示。输入已经注册的账号和密码，单击 Sign in 按钮进行登录。登录成功后将出现图 1-8 所示的窗口，在窗口右上角选择 OPEN 命令。打开 Open existing project 对话框，浏览路径到示例工程存放的位置，选择 PRGFPS Game Assets 文件选项，再单击"选择文件夹"按钮，即可打开示例工程，如图 1-9 所示。

图 1-7　登录界面

图 1-8　选择 OPEN 命令

图 1-9　打开项目

步骤②　认识编辑器

打开或者新建一个项目后，看到的第一个界面就是 Unity 编辑器主界面。Unity 编辑器主界面中包括 Hierarchy 面板、Scene 面板、Game 面板、Inspector 面板、Project 面板与 Console 面板等，图 1-10 中红色矩形标识的是各面板的名字。在编辑器主界面还包括导航菜单栏和工具栏。

- Hierarchy 面板：层次面板中显示的是场景对象列表。
- Scene 面板：用于进行场景编辑。
- Game 面板：用于游戏运行效果预览。
- Inspector 面板：用于属性设置。
- Project 面板：用于展示项目资源列表。
- Console 面板：用于查看各种 info、warning 和 error 信息。

图 1-10　Unity 编辑器主界面

步骤③ 打开场景

（1）在菜单栏选择 File→Open Scene 命令，然后选择 Map_v1.unity 文件，或者在 Project 面板，展开 Assets 折叠按钮，选择 RPG_FPS_game_assets_industrial 文件夹图标，在右侧资源列表中双击或拖动 Map_v1 文件到 Scene 窗口，如图 1-11 所示。

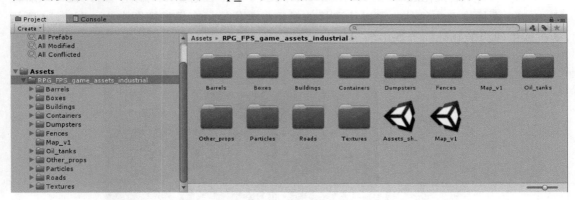

图 1-11　利用 Project 面板打开场景

（2）这时就可以看到示例的运行效果，如图 1-12 所示。

图 1-12　打开场景

步骤④ 视图操作

在 Unity 中可以通过切换不同的显示模式，来改变场景视图的角度，下面介绍几个视图操作的快捷方式，便于浏览场景。

（1）单击鼠标右键进入飞行模式，同时按下 W、A、S、D 键控制上、下、左、右方向，并快速进入第一人称预览导航，如图 1-13 所示。

图 1-13　第一人称预览视角

（2）按住 Alt 键的同时拖动鼠标左键，可以围绕当前轴心点动态观察。

（3）按住 Alt 键的同时拖动鼠标中键，可以平移观察场景视图。

（4）按住 Alt 键的同时拖动鼠标右键，可以缩放（拉近拉远）场景视图，与单独滚动鼠标滚轮作用相同。

步骤⑤ 对象操作

对于场景中的对象，可以进行移动、旋转、缩放等操作，但都是以对象被选中为前提。

（1）选中并最大化显示对象。在 Scene 面板中选中任意游戏对象，按 F 键，或者在 Hierarchy 面板中双击物体，可以让选择的对象最大化显示在场景视图中心，图 1-14 所示橘色线框线内的物体即为选中的对象。

图 1-14　选中的游戏对象

（2）移动对象。选择一个对象，单击工具栏上的移动按钮 ![按钮]，或者按下键盘上的快捷键 W，这时就可以移动对象，显示的三个轴向分别为 x 轴（红色）、y 轴（绿色）和 z 轴（蓝色），显示如图 1-15 所示。单击轴可以使其变成黄色，这时对象被限制在该轴向移动，图 1-16 为限制对象在 x 轴方向移动。选中两个轴向相交的方形位置，可以限制在一个面上移动对象。对一个对象移动的时候，Inspector 面板中 Transform 组件的 Position 属性也会同时跟着变化。

图 1-15　移动对象

图 1-16　只能在 x 轴方向移动

（3）旋转对象。选择一个对象，单击工具栏上的旋转按钮 ![按钮]，或者按下键盘上的快捷键 E 键，该对象的显示效果如图 1-17 所示，这时即可对对象进行旋转操作，同样可以限制绕着一个轴旋转或者随意旋转。对一个对象旋转的时候，Inspector 面板中 Transform 组件的 Rotation 属性也会同时跟着变化。

（4）缩放对象。选择一个对象，单击工具栏上的缩放按钮 ![按钮]，或者按下键盘上的快捷键 R，对象的显示效果如图 1-18 所示，这时可进行缩放操作。单击中间的灰色方块，可以成比例均匀缩放；单击一个轴，轴变成黄色，可以限制在该轴向上进行缩放。对一个对象缩放的时候，Inspector 面板中 Transform 组件的 Scale 属性也会同时跟着变化。

图 1-17　旋转对象

图 1-18　缩放对象

（5）轴心和坐标切换。单击工具栏上的 ▣ Center 按钮，会变为 ▣ Pivot 按钮，这时再单击又会切换为 ▣ Center 按钮。该按钮用于设置对象的轴心，它们的区别在于一个是对象的中心点，一个是对象的轴心点。

单击工具栏的 ◎ Global 按钮，会变换 ◎ Local 按钮，该按钮用于改变物体的坐标系。

步骤⑥ 下载资源

前面介绍的示例实际上是从 Unity 的 Asset Store 上下载的，为了方便大家使用，提前下载存储在随书资源素材文件夹中。Unity 的 Asset Store 上提供了许多供开发者使用的资源，利用好这些资源，能够使得开发工作事半功倍。下面将介绍如何新建一个项目，然后从 Asset Store 上下载资源并导入项目的操作方法。

（1）确保联网，电脑必须联网，才能够下载资源。

（2）运行 Unity，选择 NEW 命令新建项目，在 Project name 文本框中输入项目名称，在 Location 文本框中输入项目需要保存的路径，选择"3D 项目"选项，接下来单击 Create Project 按钮，创建项目。或者在已经打开的 Unity 中，通过在菜单栏中选择 File→New Project...命令来创建一个新的项目，Unity 默认会新建一个文件夹创建新工程。

（3）在编辑器主界面选择 Asset Store 面板（快捷键为 Ctrl+9），或者在主菜单中选择 Window→asset Store 命令，都可以打开 Asset Store，打开后的界面如图 1-19 所示。

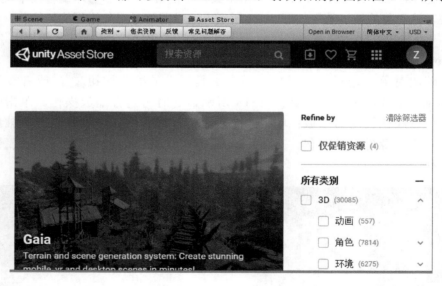

图 1-19　Asset Store 界面

（4）在打开的 Asset Store 界面中可以进行资源的搜索，并且可以设定资源的类别、价格是免费还是付费，以及资源运行的 Unity 版本等相关信息，找到所需的资源后即可进行下载，这时在 Unity 主界面并不会马上看到下载的资源，需要导入到项目。在图 1-20 中查找的是免费的 Game asset v1 资源，很快就找到了本章所用的示例资源。

图 1-20　查找所需资源

（5）单击所需的示例资源，会出现如图 1-21 所示的该资源的基本情况，在下面单击"下载"按钮，即可进行资源的下载。

图 1-21　下载资源界面

步骤 7　导入资源

资源下载完成后，单击"我的资源"图标按钮，然后单击"导入"按钮，进行资源导入。图 1-22 为"我的资源"列表，图 1-23 为单击"导入"按钮后出现的界面，在此界面单击 Import 按钮，即完成将资源导入到项目的操作。利用前面学习的打开游戏场景的知识，打开本场景。

图 1-22 "我的资源"列表

图 1-23 导入资源

知 识 总 结

 知识点一：编辑器主界面

1. Project 项目资源列表面板

每个 Unity 的项目包含一个资源文件夹。此文件夹的内容呈现在项目资源列表面板，该面板中存放着游戏的所有资源，比如场景、脚本、三维模型、纹理、音频文件和预制对象。在项目资源列表面板里右键单击任何资源，在弹出的快捷菜单中选择 Show in Explorer 命令，就可以在 Windows 资源管理器中找到这些资源相关的文件。

2. Hierarchy 场景物体列表面板

场景物体列表面板包含了每一个场景的所有游戏对象（GameObject）以及它们之间的关系。其中一些是资源文件的实例，如 3D 模型和其他预制体（Prefab）的实例。用户可以在场景物体列表面板中选择对象或者生成对象。当在场景中增加或者删除对象，Hierarchy 场景物体列表面板中相应的对象则会出现或消失。

3. Scene View 场景编辑面板

场景指的是游戏界面，用户既可以在这个界面中进行对象的摆放，也可以通过游戏场景编辑面板提供的工具栏改变场景显示的方式。在场景面板的窗口操作是 Unity 中最重要的功能之一，用户可以使用一些快捷键的方式进行快速操作。

4. Game View 游戏运行面板

游戏面板显示最后发布游戏后的运行画面，需要使用一个或多个摄像机来控制玩家在游戏时实际看到的画面。

5. Inspector 属性编辑列表面板

属性编辑列表面板显示当前选定的游戏对象，包括所有附加组件及其属性的详细信息，用户可以在这里直接修改各项参数。

知识点二：工具栏

工具栏包括五项基本控制，用于控制场景编辑窗口。

1. 变换工具

可以对场景中的物体进行缩放、平移、旋转等控制。

手柄工具（快捷键 Q）：选择该工具后，按住鼠标左键可拖动视角。

移动工具（快捷键 W）：选择物体后，单击移动工具，物体会出现方向轴，拖动方向轴可以移动物体。

旋转工具（快捷键 E）：选择物体后，单击旋转工具，物体会出现旋转轴，拖动旋转轴可以旋转物体。

缩放工具（快捷键 R）：选择物体后，单击缩放工具，物体会出现缩放方向轴，拖动可缩放物体大小。

2. 坐标切换

设置场景中物体的轴心和坐标。左边为改变物体的轴心点，Center 表示使用物体中心，Pivot 可以使用物体本身的轴心；右边为改变物体的坐标，Global 为世界坐标，Local 为自身坐标。

3. 游戏运行

运行游戏时，对游戏进行测试。从左到右依次如下。

播放按钮：单击播放按钮可激活 Game 面板，实时显示游戏的运行画面。

暂停按钮：单击暂停按钮，可暂停游戏的播放，用于分析复杂的行为，游戏过程中（或暂停时）可以修改参数、资源甚至是脚本。

逐帧播放按钮：单击逐帧播放按钮可以用逐帧预览的方式播放游戏，主要方便查找游戏中存在的问题。

需要注意的是，在播放或暂停时修改的数据在停止后还原到播放前的状态。

4. 层下拉菜单 Layers ▼

控制哪层对象显示在场景面板的窗口中。

5. 布局下拉菜单 Layout ▼

控制编辑器主界面的布局。用户可以根据自己的操作习惯调整一些面板的位置或大小，然后在右侧下拉列表中选择 Save Layout 选项，保存编辑器主界面的布局。

知识点三：基本概念

（1）场景：一组相关联的游戏对象的集合，通常游戏中每个关卡就是一个场景，用于展现当前关卡中的所有物体，如图 1-24 所示。

图 1-24　场景

（2）游戏体对象 Gameobject：运行时出现在场景中的游戏物体，例如：人物、树木、地形等。Gameobject 是一种容器，可以挂载组件。将一个物体拖曳到另外一个物体中，子物体将继承父物体的移动、旋转和缩放属性，但子物体不影响父物体。

（3）组件：游戏体对象 Gameobject 的功能模块，每个组件都是一个类的实例。

- Transform 变换组件：对象的位置、旋转和缩放。场景中的每一个对象都有一个 Transform，用于储存并操控物体的位置、旋转和缩放。
- Mesh Filter 网格过滤器：用于从资源中获取网格信息。
- Mesh Renderer 网格渲染器：从网格过滤器中获得几何形状，再根据变换组件定义的位置进行渲染。网格过滤器与网格渲染器联合使用，使得模型显示到屏幕上。

试一试

对本任务中路障（名字为 Road_block_v1 (4)）物体进行选择，然后对路障执行移动、旋转、缩放等操作，如图 1-25 和图 1-26 所示。

图 1-25　路障操作前　　　　　　　　　图 1-26　对路障操作后的效果

1.2 完成第一个 Unity 实例

任务要求

下面介绍如何使用 Unity 完成第一个项目，本项目的功能是在屏幕上显示字符串 Hello，Unity！，并将项目发布为一个标准的 Windows 可执行程序，另外也会介绍 Unity 程序的调试方法。第一个 Unity 实例的最终运行效果，如图 1-27 所示。

通过完成任务：

● 掌握一个标准 Windows 可执行程序的实现步骤。

● 了解脚本在 Unity 项目中的作用，理解 Unity 项目的运行机制。

● 理解对象的生命周期，掌握生命周期中的一些重要函数。

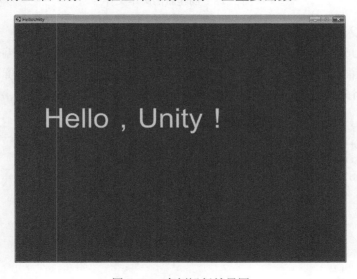

图 1-27 实例运行效果图

（资源文件路径：Unity 3D/2D 移动开发实战教程\第 1 章\实例 2）

1.2.1 编写程序

步骤 1 创建一个新的项目

首先利用前面创建新项目的操作方法，创建一个新的项目，项目名称设置为 HelloUnity。

步骤 2 创建 C#脚本文件

新建项目后，在 Project 面板中选择 Assets 文件夹，然后右击，在弹出的快捷菜单中选择 Create→C# Script 命令，创建一个新的 C#脚本，将脚本命名为 HelloUnity.cs，如图 1-28 所示。

图 1-28　创建新的脚本文件

步骤 ③　输入代码

双击 HelloUnity.cs 脚本文件，系统默认会使用 MonoDevelop 脚本编辑器将其打开，此时可以看到里面已经被自动填充了一些基本代码。本项目的功能是在屏幕上显示字符串 Hello,Unity！，因此修改代码如下：

```
1.  using System.Collections;
2.  using System.Collections.Generic;
3.  using UnityEngine;
4.  public class task2 : MonoBehaviour
5.  {
6.      void Start ()
7.      {}
8.      void Update ()
9.      {}
10.     void OnGUI ()
11.     {
12.         GUI.skin.label.fontSize = 100;
13.         GUI.Label (new Rect (100, Screen.height/3, Screen.width,
Screen.height), "Hello, Unity! ");
14.     }
15. }
```

【程序代码说明】

第 6～7 行：Start 函数为一个初始化函数。

第 8～9 行：Update 函数在每一帧都会被执行。

第 10 行：OnGUI 函数专门用来绘制 UI 界面。

第 12 行：GUI.skin.label.fontSize = 100；用于改变字体的大小。

第13行：GUI.Label (new Rect (100, Screen.height/3, Screen.width, Screen.height), "Hello，Unity！")；为输出字符串，GUI.Label 的第一个参数决定输出内容的位置和用于显示的矩形大小，第二个参数是输出内容。

步骤④ 运行项目

（1）保存脚本文件并退出 MonoDevelop 脚本编辑器，回到 Unity 界面，在 Hierarchy 面板内选中 Main Camera 摄像机，在菜单栏选择 Component→Scripts 命令子菜单中的 HelloUnity.cs 文件，将脚本指定给摄像机，如图 1-29 所示。

图 1-29　将脚本指定给摄像机

（2）选择 Game 面板，再单击播放按钮运行项目，即可看到 Hello,Unity！字符显示在屏幕上，显示效果如图 1-30 所示。

图 1-30　查看运行效果

步骤⑤ 保存工程文件

在菜单栏选择 File→Save Scene As...命令，将当前关卡（场景）保存在 Assets 文件夹内，命名为 HelloUnity。可以看到，我们一共创建了两个文件，一个是脚本文件，另一个是关卡（场景）文件，如图 1-31 所示。

图 1-31　脚本和场景文件

步骤⑥ 编译生成标准 Windows 可执行程序

（1）确定前面保存的场景处于打开状态，在菜单栏选择 File→Build Settings...命令，打开 Build Settings 对话框，单击 Add Open Scenes 按钮，将当前场景添加到 Scenes In Build 列表框中（也可以直接将场景文件拖入框中），如图 1-32 所示。只有将场景添加到 Scenes In Build 列表框中，它才能被集成到最后编译的游戏中。

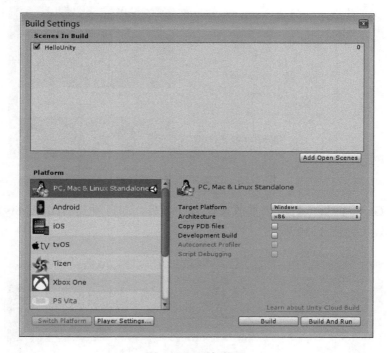

图 1-32　添加场景

（2）最后还需要进行很多设置，这里暂时只设置软件的名字。在 Build Settings 窗口单击 Player Settings...按钮，在 Inspector 面板中将 Product Name 修改为 HelloUnity，如图 1-33 所示。

图 1-33　设置游戏名字

（3）接下来在 Build Settings 窗口中单击 Build 按钮，然后选择保存路径，即可将程序编译成独立运行的标准 Windows 程序，如图 1-34 所示。同时得到 HelloUnity.exe 的数据文件夹 HelloUnity_Data。

| ◁ HelloUnity | 2018/4/26 星期... | 应用程序 | 17,772 KB |

图 1-34　标准 Windows 程序

（4）双击打开 HelloUnity.exe 文件，显示如图 1-35 所示。勾选 Windowed 复选框，再单击 Play! 按钮，该程序将以窗口模式运行。

图 1-35　运行标准 Windows 可执行程序

1.2.2　调试程序

在软件开发中出现错误是正常的，通过调试程序发现错误并进行修改是非常重要的。

步骤① 显示 Log

在 Unity 编辑器主界面下方有一个 Console 面板，用于显示控制台信息，如果程序出现错误，这里会用红色的字体显示出错误的位置和原因，我们也可以利用在程序中添加输出到控制台的代码来显示一些调试结果：

```
Debug.Log ("Hello,Unity!");
```

把上面代码添加到 OnGUI 函数中，运行程序，当执行到 Debug.Log 代码时，在控制台中会对应显示出 Hello,Unity!信息，如图 1-36 所示。

图 1-36　显示调试信息

如果将 Debug.Log 替换为 Debug.LogError，控制台的文字将呈红色显示。这些 Log 内容不仅会在 Unity 编辑器中出现，在将项目运行在手机上时，仍然可以通过工具实时查看。

在 Console 面板的右侧选择 Open Editor Log 选项，会打开编辑器的 Log 文档，一个比较实用的功能是，当项目创建完成后，在这个 Log 文档中会显示出项目的资源分配情况。

步骤 2　设置断点

Unity 自带的 MonoDevelop 脚本编辑器提供了断点调试功能，具体使用方法如下。

（1）使用 MonoDevelop 作为默认的脚本编辑器。首先把脚本编辑器指定为 MonoDevelop。选择 Edit 菜单下的 Preferences…命令，在打开的窗口中选择左边的 External Tools 选项，在右边的 External Script Editor 下拉菜单列表中选择 MonoDevelop（built-in）选项。

（2）打开 MonoDevelop 编辑器，在需要设置断点的代码行按 F9 键设置断点。

（3）在 MonoDevelop 的菜单栏中选择 Run→Attach to Process 命令，选择 Unity Editor 选项作为调试对象，然后单击 Attach 按钮，如图 1-37 所示。

图 1-37　选择 Unity Editor 作为调试对象

（4）在 Unity 编辑器中运行项目，当运行到断点时项目会自动暂停，这时可以在 MonoDevelop 脚本编辑器中查看调试信息，如图 1-38 所示。之后需要按 F5 键越过当前断点，才能继续执行后面的代码。

图 1-38 利用断点调试

知 识 总 结

知识点一：MonoBehaviour 类

MonoBehaviour 类是每个脚本派生类的基类。每个 JavaScript 脚本自动继承 MonoBehaviour 类，使用 C#时需要显式继承 MonoBehaviour 类。

在使用 MonoBehaviour 类的时候，需要注意它有哪些可重写函数，这些可重写函数会在发生哪些事件的时候被调用。在 Unity 中最常用到的几个可重写函数如下。

（1）Awake 函数：当一个脚本被实例化时，Awake 函数被调用。在这个函数一般完成成员变量的初始化。

（2）Start 函数：仅在 Update 函数第一次被调用前调用。因为它是在 Awake 函数之后被调用的，可以把一些需要依赖 Awake 函数的变量放在 Start 函数里面初始化。同时在这个函数中执行 StartCoroutine 进行一些协程的触发。

（3）Update 函数：当开始播放游戏帧时（此时，GameObject 已实例化完毕），其 Update 函数在每一帧被调用，是最主要最常用的帧更新函数。

（4）LateUpdate 函数：LateUpdate 函数是在所有 Update 函数调用后被调用，该函数最常应用于第三人称的相机跟随。

（5）FixedUpdate 函数：当 MonoBehaviour 启用时，其 FixedUpdate 函数在固定帧率的每一帧被调用，在帧率比较低时，每帧可被多次调用，若帧率比较高，就可能不被调用。FixedUpdate 函数比 Update 函数调用更频繁。

（6）OnEnable 函数：当对象变为可用或激活状态时，此函数被调用。

（7）OnDisable 函数：当对象变为不可用或非激活状态时，此函数被调用。

（8）OnDestroy 函数：当 MonoBehaviour 将被销毁时，此函数被调用。

知识点二：脚本与 GameObject 的关系

在 Unity 中，脚本的职责就是做 GameObject 的逻辑驱动，所有需要挂载到 GameObject 上面的脚本，都需要继承自 MonoBehaviour，MonoBehaviour 是 Unity 中所有脚本驱动的基类。

被显式添加到 Hierarchy 面板中的 GameObject 会被最先实例化，GameObject 被实例化的顺序是从下往上。GameObject 被实例化的同时，加载其组件并实例化，如果挂载了脚本组件，则实例化脚本组件时，会调用脚本的 Awake 函数，组件的实例化顺序也是从下往上。在所有显式的 GameObject 及其组件被实例化完成之前，游戏不会开始播放帧。

试一试

请完成一个 Hello，World! 程序，并将它创建为一个标准的 Windows 可执行程序，运行效果如图 1-39。具体操作要求如下。

（1）创建两个文件，一个是脚本文件，另一个是场景文件，并命名为 HelloWorld。

（2）改变字符大小，在窗口显示 Hello，World!。

（3）将程序编译成独立运行的标准 Windows 程序。

（4）调试程序，显示 Log。

图 1-39　查看运行效果

第2章 制作控制菜单

一般软件的开始界面是让用户选择进入不同的模块,这些界面有的是以控制按钮的方式来呈现的。控制按钮有三种不同的状态,每种状态对应一张图片,如图2-1～图2-3所示。

- 正常状态:光标没有进入按钮区域,或者光标离开按钮区域。
- 悬浮状态:光标位于按钮上,但是鼠标没有按下。
- 选中状态:光标移动到按钮上,并且鼠标按下。

图 2-1　开始界面

图 2-2　光标移入

图 2-3　鼠标按下

23

任务要求

本任务将完成控制按钮菜单的制作，当光标悬浮于按钮上的时候，控制按钮颜色变成黄色，当鼠标按下时，按钮显示绿色。控制按钮菜单的效果如图 2-1 所示；当光标悬浮于按钮上（种子发芽），显示图 2-2 的效果；当鼠标按下，按钮的显示效果如图 2-3 所示。

通过完成任务：

- 掌握 Sprite 类型对象的创建方法。
- 了解常用的鼠标事件，熟练使用常用的鼠标事件处理函数。
- 熟练使用 Sprite_Renderer 进行图片的显示。
- 掌握多场景的切换方法。

（资源文件路径：Unity 3D/2D 移动开发实战教程\第 2 章\实例 1）

2.1　制作按钮

为了完成制作控制按钮菜单，需要制作每个按钮图片。因为准备三个按钮的素材图片是连成一体的，无法对图片进行操作，所以需要对图片进行切割，具体制作步骤如下。

2.1.1　图片切割

步骤 1 创建 2D 项目

启动 Unity，创建一个新的 2D 项目。

步骤 2 导入素材

（1）选中 Assets 文件夹，单击鼠标右键，选择 Create→Folder 命令，创建用来存放素标图片的文件夹，并命名为 Texture。

（2）接下来在 Windows 资源管理器中打开存放按钮素材的文件夹，将按钮素材直接拖曳至 Texture 文件夹中，在 Project 面板可以看到拖曳的素材。因为创建的是 2D 项目，所以导入图片后自动转换为 Sprite 对象，如图 2-4 所示。在 2D 项目中，图片被称为 Sprite（精灵）。

图 2-4　导入素材

步骤③ 图片切割

（1）单击按钮图片右侧的三角形按钮，可以看到三个按钮图片是连成一个整体的，无法对图片进行操作，这时需要使用 Sprite Editor 工具将连成整体的图片分割成若干个 Sprite 使用。具体操作方法是：使用鼠标选择名字为 1 的图片，在 Inspector 面板中将图片的 Sprite Mode 改为 Multiple 形式，如图 2-5 所示。

图 2-5 修改 Sprite Mode 格式

（2）接下来单击 Sprite Editor 按钮进行图片编辑，图 2-6 所示为打开的 Sprite Editor 编辑面板，在编辑面板的左上角单击自动切片 Slice 按钮，弹出如图 2-7 所示的面板，在面板 Type 的下拉列表中选择 Automatic 选项，单击该面板上的 Slice 按钮，然后再单击编辑面板偏右侧的 Apply 按钮。对其他图片名为 2、3、4 的按钮图片素材按同样的方式操作。

图 2-6 Sprite Editor 面板

图 2-7　Slice 设置面板

（3）图片切割完成之后，单击图片右边的三角形按钮，就可以看到三个独立的图片了，效果如图 2-8 所示。

图 2-8　按钮图片切割完成

2.1.2　添加按钮

步骤 1 将按钮加入场景

要将切割好的按钮图片素材添加到场景中，则首先从 Project 面板中将文件名为 1_0 的图片拖曳至 Hierarchy 面板，并单击鼠标右键，选择 Rename 命令，将图片重新命名为 Button_1。按上述步骤，将文件名为"2_0""3_0""4_0"的按钮图片分别拖曳至 Hierarchy 面板，并依次重新命名为 Button_2 Button_3 和 Button_4，最终效果如图 2-9 所示。

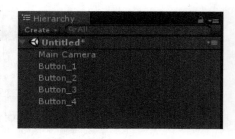

图 2-9　为按钮重命名

步骤 2 调整按钮的位置及大小

将按钮图片拖曳至 Hierarchy 面板后，如果觉得插入的按钮图片太大，可以在 Inspector 面板通过调整图片的 Scale 属性进行修改，如将 X 轴、Y 轴方向图片的大小均调整为 0.5，如图 2-10 所示。在 Scene 面板中我们发现多个图片重叠在一起了，这时可以从 Hierarchy 面板单击选中每个按钮对象，或直接在 Scene 面板单击图片进行移动操作（被单击的组件会显示 X 轴方向的红色箭头和 Y 轴方向的绿色箭头，以及两个箭头交点处的蓝色正方形。

拖曳箭头可以使组件向箭头的方向移动，拖曳蓝色正方形可以随意移动组件），对按钮进行摆放，如图 2-11 所示。若想让按钮图片对齐并均匀分布，可以通过设置 Transform 面板的 Position 属性来实现。

图 2-10　调整按钮大小

图 2-11　调整按钮位置

2.2　编辑脚本

在场景中摆放好按钮图片后，要对按钮图片进行控制，就需要编写程序来完成。

2.2.1　编写程序

步骤 ① 创建脚本文件

（1）在 Project 面板的 Assets 文件夹上单击鼠标右键，在弹出的快捷菜单中选择 Create →Folder 命令，创建用来存放脚本文件的文件夹，并命名为 Script_UI。

（2）接下来双击打开 Script_UI 文件夹，在文件夹中单击鼠标右键，依次选择 Create →C# Script 命令，创建脚本文件，并命名为 "UI_Control.cs"，如图 2-12 所示。然后双击打开 UI_Control.cs 文件进行程序编写。

图 2-12　新建程序文件夹

步骤② 编写脚本

```
1.   using UnityEngine;
2.   using System.Collections;
3.   public class UI_Control : MonoBehaviour
4.   {
5.          public Sprite[] SpriteTexture = new Sprite[3];
6.          SpriteRenderer Sprite_Renderer;
7.          void Start ()
8.          {
9.                 Sprite_Renderer=gameObject.GetComponent
<SpriteRenderer> ();
10.         }
11.         void Update ()
12.         {}
13.         void OnMouseEnter ()
14.         {
15.                Sprite_Renderer.sprite = SpriteTexture [1];
16.         }
17.         void OnMouseDown ()
18.         {
19.                Sprite_Renderer.sprite = SpriteTexture [2];
20.         }
21.         void OnMouseUp ()
22.         {
23.                Sprite_Renderer.sprite = SpriteTexture [0];
24.         }
25.         void OnMouseExit ()
26.         {
27.                Sprite_Renderer.sprite = SpriteTexture [0];
28.         }
29. }
```

【程序代码说明】

第 5 行：因为我们需要鼠标对按钮进行不同的操作时，按钮应该呈现不同的状态，可以利用按钮图片颜色不同来表示鼠标对按钮的不同操作，因此需要声明一个 Sprite 类型的数组 SpriteTexture，来存储不同颜色的按钮图片。按钮图片有 "*_0" "*_1" "*_2" 三种，分别对应光标没在按钮上的正常状态，光标在按钮上的悬浮状态和鼠标按下按钮的按下状态，故设置 SpriteTexture 数组元素个数为 3，其中 "*_0" 图片对应数组第 0 个元素，"*_1" 图片对应数组第 1 个元素，"*_2" 图片对应数组第 2 个元素。

第 6 行：接下来需要声明一个 SpriteRenderer，这是 Unity 提供的用来切换 Sprite 外观的组件，通过此组件可以检测当前触发事件的 Sprite 是什么，并从数组中指定要显示数组中的第几张图片进行切换。

第 7～10 行：获得当前游戏体对象的 SpriteRenderer 组件，为 Sprite_Renderer 初始化。在 Unity 中，场景中的物体都可以称为是一个游戏体（GameObject），可以使用 GetComponent 函数从当前游戏对象获取组件，只在当前游戏对象中获取，没得到就返回 null，不会去子物体中寻找。

第 13～16 行：在光标移入状态下，利用 SpriteRenderer 组件切换 Sprite 外观为 SpriteTexture 数组中第 1 个元素对应的图片。

第 17～20 行：在鼠标按下状态下，利用 SpriteRenderer 组件切换 Sprite 外观为 SpriteTexture 数组中第 2 个元素对应的图片。

第 21～24 行：在鼠标弹起状态下，利用 SpriteRenderer 组件切换 Sprite 外观为 SpriteTexture 数组中第 0 个元素对应的图片。

第 25～28 行：在光标移出状态下，利用 SpriteRenderer 组件切换 Sprite 外观为 SpriteTexture 数组中第 0 个元素对应的图片。

2.2.2　将脚本与对象关联起来

步骤① 建立程序与脚本的连接

（1）编写完脚本后，需要将脚本与对象进行关联，才能实现对按钮图片的控制。首先将 Project 面板中的 UI_Control 程序文件拖曳到 Hierarchy 面板的 Button_1 按钮上。

（2）拖曳成功后选中 Button_1 按钮，在右侧的 Inspector 面板中可以看到 UI_Control 脚本组件，如图 2-13 所示。其他按钮也可以按照统一的方法进行设置。

图 2-13　建立程序与脚本之间的连接

步骤② 指定数组内容

建立连接后，选中 Button_1 对象，在 Inspector 面板中找到 UI_Control 组件区，打开 Sprite Texture 下拉列表，为程序中声明的 SpriteTexture 数组指定图片文件。程序中已经设置文件"1_0"状态为0，文件"1_1"状态为1，文件"1_2"状态为2，因此在Sprite Texture的Element处将图片文件"1_0"拖曳至Element0中，将图片文件"1_1"拖曳至Element1中，将图片文件"1_2"拖曳至Element2中，完成设置后的效果如图2-14所示。其余按钮也按照上述步骤进行操作，注意图片文件的不同即可。

图2-14　为"Button_1"组件数组赋值

步骤 3　加入碰撞检测器

在Hierarchy面板中选中Button_1对象，在菜单栏依次选择Component→Physics2D→Box Collider2D命令加入碰撞检测器，或者在Inspector面板下方单击Add Component按钮，添加碰撞检测器Box Collider2D，如图2-15所示。其余按钮也按照此步骤添加2D碰撞检测器。

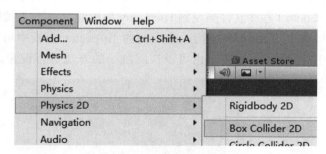

图2-15　加入碰撞检测器

步骤 4　保存场景

（1）选择菜单栏中的File→Save Scenes命令进行场景保存，将该场景保存在本项目的Assets文件夹中，场景名字为task3_UI。

（2）这样菜单界面就做好了，运行软件进行测试，可以看到按钮已经能显示出动态效果了。

2.3　场景切换

在Unity游戏开发中，很难在单个场景中解决所有问题，那么创建新场景和多个场景间的切换就成为了必然。

2.3.1 创建新场景

要创建新场景，我们可以在顶部菜单栏中执行 File→New Scene 命令，创建一个场景名字为 Scene1 的新场景。

在新创建的场景中完成设计后，需要保存场景。

2.3.2 加载场景

下面以实现由场景"task3_UI"切换到新创建的 Scene1 场景为例，演示场景切换的操作步骤。

步骤 1 添加场景切换脚本

（1）修改文件"UI_Control.cs"的脚本，添加引入 UnityEngine.SceneManagement。

```
using UnityEngine.SceneManagement;
```

（2）修改 OnMouseDown ()函数，添加场景切换的代码。

```
void OnMouseDown ()
{
        Sprite_Renderer.sprite = SpriteTexture [2];
        SceneManager.LoadScene ("scene1");
}
```

步骤 2 加载场景

选择顶部菜单栏中的 File→Build settings 命令，将已完成的场景依次拖入 Scenes In Build 列表栏中后关闭，需要注意添加的次序，在本例中由场景 task3_UI 切换到场景 Scene1，需先添加场景 task3_UI，再添加场景 Scene1，也可在如图 2-16 所示的面板中通过拖动场景来改变顺序。

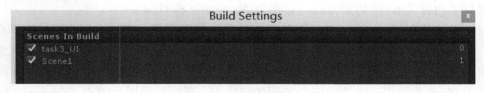

图 2-16　加载场景

步骤 3 运行软件

运行软件时，首先出现的是有按钮控制菜单的场景 task3_UI，单击该场景中的按钮，就由当前场景 task3_UI 跳转到场景 Scene1。

→•——— 知 识 总 结 ———•←

■ 知识点一：Sprite 对象

Unity 图片类型为 Texture 时，没有办法为其加入动画、碰撞等效果，也无法用脚本来控制，可以将其设置为 Sprite。如飞机射击游戏中子弹、敌人等所有可操控或者有触发事件的对象都需要将其设置为 Sprite 类型。需要设置为 Sprite 类型的对象，基本上具备了以下任意一个条件。

（1）动画：在 2D 软件的任务设置中，最常遇到的就是动画的展示，例如角色在接收到指令时，会快速显示一连串动作的分解图，利用人眼视觉暂留的效果来达到角色动起来的错觉。

（2）碰撞与触发：在软件中最重要的设置就是碰撞检测与触发事件，如操作的角色触碰到某个对象（陷阱），就让角色执行某项动作（生命值减少）。这时候为了能够加入碰撞检测与程序控制，角色和陷阱都需要被设置为 Sprite 类型。

（3）UI 界面：软件中常常要使用到按钮，按钮事件的触发必须通过鼠标、键盘、手指等外来的操控方式，需要在程序中特别去监听这些外来操控方式的发生。

■ 知识点二：Sprite 类型设置

Sprite 类型的设置方法为：首先选中要设置的图片，在 Inspector 面板中将图片的类型（Texture Type）选择为"Sprite(2 D and UI)"值。还可以根据需要对图片的 Sprite Mode 属性进行修改。该属性用来决定当前对象是用多少张图片组成的。如果选择 Single 值，就代表此对象由一张大图组成；如果选择 Multiple 值，就代表此对象由多张分割图片所组成。

■ 知识点三：Sprite Editor 编辑器

有时因为准备的素材图片是连成一个整体的，无法对图片进行操作，所以需要对图片进行切割。这时就可以用 Unity 所提供的 Sprite Editor 编辑器来执行。在 Slice 分割设置菜单中提供了两种 Type 的切割方式，分别为 Automatic 和 Grid。

（1）自动分割（Automatic）：对整个图片中非透明背景的区域进行分割。选择自动分割时，会出现 Pivot、Method 等辅助选项。在本范例中，选择自动分割方式后，其余设置都采用默认值。最后单击 Slice 按钮，即可自动对每个按钮图片进行切割，如图 2-17 所示。

其中 Pivot 参数用于设置每张分割图的定位点，通常使用图片中心（Center）。Method 参数用于设置分割模式，在下拉列表中包含 Delete Existing、Smart 和 Safe 三种模式。当 Method 设置为 Delete Existing 模式时，删除原有的分割框重新分割；当 Method 设置为 Smart 模式时，会保留或调整原有的分割框进行分割；当 Method 设置为 Safe 模式时，则在不改变原有分割框下进行分割。

图 2-17　自动分割类型选择

（2）网格分割（Grid）：通过设置每格分割框的大小，以同样大小的框架范围进行图片的切割。因此选择网格分割时，出现的辅助设置选项是用来设置分割框尺寸的，如图 2-18 所示。

图 2-18　网格分割

其中 Pixel Size 参数用来设置每格分割框的宽（X）与高（Y）。Offset 参数用于设置所有分割框向右偏移（X）、向下偏移（Y）的量。Padding 参数用于设置每个分割框横向（X）和纵向（Y）的间距。Pivot 参数用于设置每张分割图的定位点。

知识点四：鼠标碰撞检测与事件监听

鼠标事件，都是当鼠标和 GUI 或者碰撞体（Collider）交互时候触发。鼠标事件有多种类型，当发生不同事件时会调用不同的函数，常用函数如下。

（1）OnMouseDown() 当鼠标按下：当用户鼠标在 GUIElement(GUI 元素)或 Collider(碰撞体)上单击时，OnMouseDown 被调用。

（2）OnMouseDrag() 当鼠标拖曳：当用户鼠标在 GUIElement 或 Collider 上拖曳时，OnMouseDrag 被调用。需要说明的是，drag 其实就是鼠标 down 后 up 之前持续每帧都会发送此消息。

（3）OnMouseEnter() 当鼠标进入：当鼠标进入到 GUIElement 或 Collider 中时，调用 OnMouseEnter。

（4）OnMouseExit() 当鼠标退出：当用户鼠标退出 GUIElement 或 Collider 上时，OnMouseExit 被调用。

（5）OnMouseOver() 当鼠标经过：当用户鼠标在 GUIElement 或 Collider 上经过时，OnMouseOver 被调用。

（6）OnMouseUp() 当鼠标弹起：当用户释放鼠标按钮时调用 OnMouseUp。

（7）OnMouseUpAsButton() 当鼠标作为按钮弹起时：OnMouseUpAsButton 只有当鼠标在同一个 GUIElement 或 Collider 按下，再释放时调用。

 知识点五：SpriteRenderer

在实现控制菜单按钮时，当鼠标实施不同的动作、菜单按钮颜色切换时，利用 Sprite_Renderer.sprite 脚本进行按钮图片的切换，将图片切换为数组中 Sprite 类型的图片，即鼠标实施不同动作，菜单按钮颜色发生的变化实质是显示的图片发生了改变。

试一试

请将本节制作控制菜单界面中的各个场景补充完整，要求如下。

（1）创建名字为 Scene1 至 Scene4 的四个场景，为每个场景分别添加一个"返回"按钮，从而实现鼠标按下、光标进入、光标退出、鼠标弹起等鼠标事件时按钮呈现不同的状态。

（2）单击场景 Scene1 至 Scene4 中的"返回"按钮，可以返回初始的控制菜单界面。

（3）从初始的控制菜单界面，单击"种子发芽"的按钮，可以打开名字为 Scene1 的场景，从该场景单击"返回"按钮，可以回到控制菜单界面。其他按钮以此类推，分别打开不同的场景，在场景中单击"返回"按钮，也可以回到控制菜单界面。

第3章　动画的编排与控制

Unity 提供的动画编辑工具有 Animation 和 Animator 两种，本章将介绍如何使用这两种工具对动画进行编排和控制。

3.1　编排动画：种子发芽

本节通过介绍制作"种子发芽"连续动画的过程，来学习利用 Animation 工具编排"画格"和"时间轴"，从而完成单独动画设计的方法。

动画是通过一格一格连续动作的图片串联成一个影片胶卷，然后以一定的速度逐格播放，只要眼睛长时间注视连续播放的图片，当每张图片播放速度足够快时，人眼就会发生"视觉暂留"现象，自动将这些快速播放的图片串联成流畅的动画。

在制作动画时，构成动画的基础就是"单张图片"和"影片胶卷连续播放"，将这两个基础元素投射到动画制作工具中，代表的就是所谓的"画格"和"时间轴"。画格用来存放单张图片，而时间轴用来编排这些图片的先后顺序与出现时间，当播放时就会按照时间轴的设置来显示这些画格，实现整个动画的视觉效果。

任务要求

本任务是制作种子发芽的连续动画。要设计种子发芽的连续动画，首先需要利用 Unity 提供的 Sprite Editor 编辑器进行图片切割，以获得种子发芽时不同状态的图片素材。然后进行动画设置，即把种子的图片加入到动画编辑器（Animation）中，调整好时间间隔和播放速度。本任务主要使用 Animation 来编排"画格"和"时间轴"，种子发芽动画的最终效果如图 3-1 所示。

图 3-1　种子发芽动画的效果

通过完成任务：

● 进一步熟悉 Sprite Editor 编辑器的使用方法，即如何在合成图片中提取元素。
● 掌握使用 Animation 制作动画的方法。

（资源文件路径：Unity 3D/2D 移动开发实战教程\第 3 章\实例 1）

3.1.1　Sprite 设置与编辑

步骤 1 创建项目导入素材

启动 Unity，创建一个 2D 项目。在 Assets 文件夹上单击鼠标右键，选择 Import New Asset...命令，将名字为 Seed 的图片素材导入项目中，如图 3-2 所示。导入后图片自动转换为 Sprite 对象，如图 3-3 所示。

图 3-2　执行导入素材命令

图 3-3　动画素材

步骤 2　Sprite 设置

如果图片不是 Sprite 格式，需要先对素材进行 Sprite 设置，这样才可以进行后续的图片切割。要将种子发芽的图片类型（Texture Type）设置为 Sprite，则需要将 Sprite Mode 设置为 Multiple，然后单击 Apply 按钮，以应用相关设置，如图 3-4 所示。

图 3-4　Sprite 设置

步骤③ 图片切割

由于种子发芽是由多张分解动作图片所组成的一张大图片，因此在建立动画之前必须先将每个动作图片切割开来。这个操作可以通过 Unity 所提供的 Sprite Editor 来执行。关于图片切割，前面已经进行了详细讲解，在此不再赘述，图片切割完成后的效果如图 3-5 所示。

图 3-5　种子图片切割后效果

3.1.2 Animation 动画编排

步骤 1 创建对象

图片切割完成后,原本的种子素材已经可以展开成单个的分割图。此时将分割出来的第一张图片"Seed_0"拖曳到 Hierarchy 面板,也就是将种子加入到场景中,并重新命名为 Seed,如图 3-6 所示。

图 3-6 把分割出来的动作图片加入场景

步骤 2 动画编排

(1)由于 Animation 动画编辑器原本默认为关闭状态,因此要在菜单栏中将编辑器打开,并把种子加入到动画编辑器中。操作方法为:依次在上方菜单栏中执行 Window→Animation 命令,打开 Animation 动画编辑窗口。

(2)单击选中刚刚加入 Hierarchy 面板中的 Seed 对象,回到动画编辑器窗口后,单击 Create 按钮,建立动画文件,如图 3-7 所示。

图 3-7 Animation 动画编辑器

（3）在单击 Create 按钮建立动画文件时，会弹出保存动画文件的对话框，将动画文件命名为 Seed，保存路径设置在 Assets 文件夹下，存盘后会自动产生 Seed.controller 文件和 Seed.Anim 文件，如图 3-8 所示。

图 3-8　把动画文件保存到项目目录下

（4）保存完成后进入动画编辑模式，此时动画编辑器中的录制动画按钮会变成红色。接下来将所有种子发芽的图片从 Project 面板按顺序拖到 Animation 编辑器的画格位置，并选取固定的时间间距分开摆好，如图 3-9 所示。

图 3-9　设置动画的关键画格

（5）摆放好所有分解图片后，单击左上角红点即可取消编辑。单击旁边的播放按钮，就可以预览画格连续播放出来的动画效果。测试后，如果觉得播放速度不太合理，可以在 Animation 编辑器中调整 Samples 的参数，设置的数值越小，代表播放的速度越慢。

◆── 知识总结 ──◆

Unity 提供的 Animation 动画编辑器可以编辑物理动画。我们可以从 Unity 编辑器主界面上方的菜单栏中选择 Window→Animation 命令，打开 Animation 动画编辑器。Animation 是一种以画格来编辑动画的系统，每个对象都会有各自的时间轴，可以选择在不同的画格放入不同图片。单击 Animation 动画编辑器界面左上角的红点，即可取消编辑模式。单击旁边的播放按钮，就可以在场景中看到连续画格播放出来的动画效果。测试后，如果觉得播放速度不合理，可以在 Animation 动画编辑器中调整 Samples 参数，数值越小代表播放的速度越慢。

试一试

把如图 3-10 所示的素材（资源文件路径：Unity 3D/2D 移动开发实战教程\第 3 章\试一试 1）导入到 Unity 中，完成花朵绽放的动画，要求如下：

（1）使用 Sprite Editor 对图片进行分割，得到动画素材。

（2）使用 Animation 动画编辑器制作花朵绽放的动画过程。

图 3-10   花朵素材

3.2   控制动画：交通安全

在 2D 游戏里最常出现的游戏方式就是让玩家操控游戏中的主角，通过移动等动作进行闯关前进。我们在操控这些主角时，仔细观察就会发现，每当主角收到不同动作的执行指令时，就会出现与之对应的动画，本节将要学习如何控制动画。

任务要求

本案例将要制作的交通安全控制动画，是由玩家通过按钮发出指令，使得交警可以做出各种动作。在完成本实例的过程中主要使用 Animation 进行动画制作，使用 Animator 设置动画状态之间的切换方式。当程序运行时，在窗口中会显示三个图形按钮的初始界面，如图 3-11 所示。单击不同按钮，会播放相应的动画，如图 3-12 所示。

图 3-11   交通安全动画初始界面

图 3-12　单击按钮后效果

通过完成任务：

● 掌握使用 Animator 进行动画切换的设置方法。

● 进一步熟悉 Animation 的使用方法。

（资源文件路径：Unity 3D/2D 移动开发实战教程\第 3 章\实例 2）

3.2.1　图片切割和动画制作

步骤 1　创建项目并导入素材

启动 Unity，创建一个新的 2D 项目。在 Assets 文件夹中单击鼠标右键，选择 Import New Asset…命令，将素材 Mr.Policeman 导入项目中。

步骤 2　图片切割

为了完成动画，需要将导入的素材 Mr.Policeman 切割成独立的图片文件。利用前面学习的图片切割方法完成图片切割，图片切割后的效果如图 3-13 所示。

图 3-13　图片切割后效果

步骤 3　创建动画

（1）为图片制作站立 Stand 动画。首先在 Project 面板的 Assets 文件夹中选择 "Mr.Policeman_0" 图片，拖至 Hierarchy 面板中，然后适当调整对象的大小和位置，并将此对象重新命名为 Mr.Policeman。

（2）单击 Hierarchy 面板中的 Mr.Policeman 对象，再选择上方菜单栏的 Window→Animation 命令，打开 Animation 动画编辑器界面。在动画编辑器中单击 Create 按钮建立动画，此时 Unity 会要求保存 Animation 动画文件，将文件命名为 Stand。

（3）接着打开 Project 面板的 Assets 文件夹，将 Mr.Policeman_0 图片拖曳至动画编辑器中第 0 画格并摆放好，然后单击预览按钮，观看动画效果。如果觉得动画执行速度过快，可调整 Samples 数值，如图 3-14 所示。

图 3-14　创建"Stand"动画

（4）因为要为同一 Mr.Policeman 制作不同动画，所以要在 Animation 编辑器中单击 Clip 下拉菜单，通过在下拉列表中选择 Create New Clip 命令来建立新的动画，将该动画文件命名为 Straight，如图 3-15 所示。接着将图片"Policeman_1"、图片"Policeman_2"、图片"Policeman_3"、图片"Policeman_4"和图片"Policeman_1"依次拖曳至动画编辑器中画格位置并摆放好，如图 3-16 所示。

图 3-15　创建 Straight 动画

图 3-16　编辑 Straight 动画

（5）以相同的方式在 Animation 编辑器中单击 Clip 下拉菜单，选择 Create New Clip 命令建立 Left 动画，如图 3-17 所示。然后将图片"Policeman_5"、图片"Policeman_6"和图片"Policeman_5"依次拖曳至动画编辑器中画格位置并摆放好。

图 3-17　创建 Left 动画

3.2.2　设置动画切换条件

步骤 1 动画间关联设置

完成动画的设置后，接下来要处理动画之间的关系。在游戏过程中，Straight 动画和 Left 动画不能同时进行，也就是说，要先完成一个动作停下来再完成第二个动作。

（1）在 Unity 中直接双击建立动画时产生的".controller"文件，该文件图标为 ，可以启动 Animator 控制器面板进行设置。此时，在 Assets 文件夹中找到 Mr.Policeman. Controller 文件并双击，打开 Animator 控制器面板，关于设置 Stand、Straight 和 Left 三个动画状态之间的动作关联性，如表 3-1 所示。

表 3-1　设置 Stand、Straight 和 Left 动作关联性

成立与否	关联性
成立	Left 后 Stand
不成立	Left 后 Straight
不成立	Straight 后 Left
成立	Straight 后 Stand
成立	Stand 后 Left
成立	Stand 后 Straight

（2）为完成上述关联设置，先在 Stand 状态上单击鼠标右键，弹出的菜单中选择 Make Transition 命令，然后在 Straight 状态上单击，就会出现一条指向 Straight 状态的白色指向线。相同的操作，完成如图 3-18 所示的四条指向线，其中两条是由 Stand 状态分别指向 Straight 状态和 Left 状态，另外两条分别由 Straight 状态和 Left 状态指向 Stand 状态。这样界面中就有四条指向线，分别对应表格中的四种成立状态。

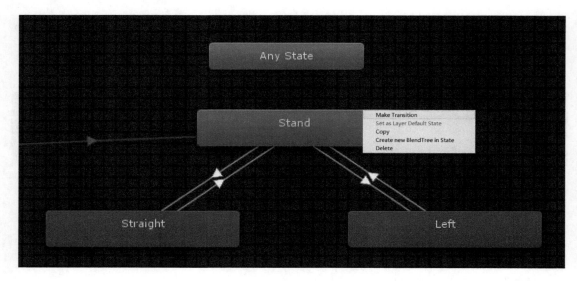

图 3-18　为动作之间建立关联

步骤 2　为动画切换增加触发条件

（1）指向线设置完成后，每个动作都会按照设置好的路线去切换动作，因为动作的切换需要一定的触发条件，所以接下来要为动作切换增加触发条件。首先声明两个条件变量，在 Animator 控制器面板的左上角可以看到 Parameters 选项，单击旁边的"＋"按钮，在弹出的菜单列表中选择 Bool 选项，创建两个 Bool 类型条件变量，两个变量分别取名为 Straight 和 Left，如图 3-19 所示。

图 3-19　为动作切换声明 Bool 变量

（2）接着为状态切换设置触发条件。单击一条指向线之后，可以从 Inspector 面板中看到这条指向线的属性。以 Stand 状态到 Straight 状态这条线为例（指向线变为蓝色），在 Conditions 属性中设置条件变量 Straight 为 true，表示当条件变量 Straight 值为 true 时触发 Straight 动画，如图 3-20 所示。可以按下键盘上的 Delete 键删除错误的指向线。

（3）当从 Straight 状态切换到 Stand 状态时，在 Conditions 属性中设置 Straight 为 false。四条线的设置内容，如表 3-2 所示。

图 3-20　设置触发条件

表 3-2　四条指向线触发条件

路径	使用变量	布尔值
Stand→Straight	Straight	true
Straight→Stand	Straight	false
Stand→Left	Left	true
Left→Stand	Left	false

3.2.3　编写脚本控制动画

完成动作间的切换条件设置后，还需要给条件变量赋值，这需要编写脚本。

步骤① 创建脚本文件

（1）在 Project 面板的 Assets 文件夹下新建一个文件夹，命名为 Script。

（2）打开 Script 文件夹，在文件夹中单击鼠标右键，在弹出的快捷菜单中选择 Create →"C# Script"命令，创建"C# Script"文件，并命名为 Control.cs，双击打开该文件。

步骤② 编写脚本

```
1.  using System.Collections;
2.  using System.Collections.Generic;
3.  using UnityEngine;
4.  public class Control : MonoBehaviour
5.  {
6.      public GameObject Player;
7.      public Animator Action_Controller;
```

```
8.      public bool Straight;
9.      public bool Left;
10.     void Start ()
11.     {
12.         Player = gameObject;
13.         Action_Controller = Player.GetComponent<Animator> ();
14.     }
15.     void Update ()
16.     {
17.         Action_Controller.SetBool ("Straight", Straight);
18.         Action_Controller.SetBool ("Left", Left);
19.     }
20.     void OnGUI ()
21.     {
22.         if (GUI.Button (new Rect (0, 0, 80, 50), "Stand")) {
23.             Straight = false;
24.             Left = false;
25.         }
26.         if (GUI.Button (new Rect (0, 50, 80, 50), "Straight")) {
27.             Straight = true;
28.             Left = false;
29.         }
30.         if (GUI.Button (new Rect (0, 100, 80, 50), "Left")) {
31.             Straight = false;
32.             Left = true;
33.         }
34.     }
35. }
```

【程序代码说明】

第 6 行：定义所要操作的对象。

第 7 行：定义 Animator 对象。

第 12~13 行：获取当前所要操作的对象以及它的 Animator 组件，gameObject 指的就是脚本绑定的 GameObject 对象。

第 17 行：使用 SetBool 函数给 Animator 中定义的变量赋值，该函数中第一个参数是 Animator 面板中定义的变量名称，第二个参数是程序代码内的变量名称。

第 18 行：使用 SetBool 函数给在 Animator 中定义的 Left 变量赋值。

第 22~25 行：在屏幕上绘制 Stand 按钮，并且实现单击 Stand 按钮时播放 Stand 动画。

第 26~29 行：在屏幕上绘制 Straight 按钮，并且实现单击 Straight 按钮时播放 Straight 动画。

第 30～33 行：在屏幕上绘制 Left 按钮，并且实现单击 Left 按钮时播放 Left 动画。

步骤 ③ 将脚本连接至 Sprite 对象

（1）编写完脚本后，将脚本文件 Control.cs 拖曳至 Hierarchy 界面内的 Mr.Policeman 对象上，以建立脚本与对象的连接。

（2）运行软件进行测试时，在 Game 面板左边会出现 Stand、Straight 和 Left 三个按钮，单击相应的按钮，可以控制交警做不同的动作。

知 识 总 结

Animator 组件用于设置多个动画状态之间的关联关系，Animator 组件的相关属性如图 3-21 所示。

图 3-21　Animator 组件

其中 Controler 属性用于指定 .controller 文件；Avatar 属性用于指定使用的骨骼文件；Apply Root Motion 属性用于设置绑定该组件的 GameObject 的位置是否可以由动画进行改变，前提是存在改变位移的动画；Update Mode 属性为更新模式，当将该属性设置为 Normal 时，表示使用 Update 进行更新；而 Culling Mode 属性为剔除模式，将该属性设置为 Always Animate 时，表示即使摄像机看不见也要进行动画播放的更新。

试一试

在项目中导入图 3-22 的素材（资源文件路径：Unity 3D/2D 移动开发实战教程\第 3 章\试一试 2），为 Mr.Policeman 对象增加一组动作，并增加能够控制动作切换的按钮，具体要求如下。

（1）对导入的素材进行分解切割。

（2）使用 Animation 为 Mr.Policeman 对象增加一组动作动画。

（3）在 Animator 控制器面板中设置动画之间的转换和触发。

（4）在 UI 中增加一个按钮，用于控制播放新增的动作。

图 3-22　导入素材

第4章 碰撞与触发：气球漫游

本章主要通过完成气球漫游的实例，介绍碰撞器和触发器的使用。

任务要求

本任务将完成气球漫游的操作动画。在该操作动画中操作者可以控制气球移动，当气球移动碰到钉子阵时会被阻止；按下键盘上向上的方向键，可以控制气球向上弹起，当气球落在钉子阵上时，气球出现晃动，但并没有破裂；继续移动气球，当气球碰撞到橘子皮时，气球自动爆炸。气球漫游运用碰撞器、触发器完成各个状态间的动画切换，运用销毁与生成这两个函数进行状态变换，将爆炸状态制作成预制体重复使用，最终制作成气球漫游小软件。气球漫游动画的最终效果如图4-1～图4-3所示。

图 4-1　初始状态

图 4-2　气球位于钉子阵上

图 4-3　气球碰到橘子皮爆炸

通过完成任务：
- 掌握碰撞器与触发器的使用方法。
- 理解碰撞器与触发器的区别。
- 能够运用销毁与生成这两个函数进行角色的变换。
- 掌握预制体对象的制作方法。

（资源文件路径：Unity 3D/2D 移动开发实战教程\第 4 章\实例 1）

4.1　创建对象

　　气球漫游软件中，控制气球移动，气球落到钉子阵时出现晃动，碰到橘子皮时爆破。本节将创建需要用到的各种对象，并为对象添加相应动画。

4.1.1　创建地板对象

　　步骤 1 导入素材

　　打开 Unity，新建一个 2D 项目。在 Assets 文件夹下创建子文件夹，命名为 Picture，将准备好的素材拖动至 Picture 文件夹中，如图 4-4 所示。

图 4-4　导入素材

步骤② 创建 Floor 对象

（1）先将 Assets\Picture 文件夹下的 Floor 图片直接拖曳至 Hierarchy 面板中。

（2）选中 Hierarchy 面板中的 Floor 对象，在右边的 Inspector 面板中设置 Floor 的位置（Position）和大小（Scale）。地板的位置与大小设置如图 4-5 所示。

图 4-5　设置地板的位置与大小

步骤③ 添加 Edge Collider 2D 边缘碰撞器

（1）选中 Hierarchy 面板中的 Floor 对象，在右边的 Inspector 面板中单击 Add Component 按钮，选择 Physics2D→Edge collider 2D 选项，如图 4-6 所示。即可为 Floor 对象添加 Edge Collider 2D 边缘碰撞器。

图 4-6　添加 Edge Collider 2D

（2）场景中地板图片内会出现一条绿色的水平碰撞检测线，这条检测线就是承受其他对象的地板，因此要选择碰撞器来触发物理阻挡，注意在这里不勾选 Is Trigger 复选框。

（3）此时边线所处的位置可能不是理想的位置，那么在 Inspector 面板中展开 Edit Collider 2D 组件，然后单击 Edit Collider 按钮，如图 4-7 所示。

图 4-7　单击 Edit Collider 按钮

（4）接着在 Scene 面板中对这条碰撞线的位置进行设置。用鼠标拖动绿色水平碰撞线最左端的顶点，移动顶点位置，如图 4-8 所示。

图 4-8　移动碰撞线左端点

（5）同理，拖动绿色水平碰撞线最右端的顶点，移动顶点位置，如图 4-9 所示。

图 4-9　移动碰撞线右端点

（6）鼠标在碰撞线上任意一处位置点击，可以添加顶点，使水平碰撞线变成曲线碰撞线，如图 4-10 所示。

图 4-10　添加顶点

（7）按住 Ctrl 键，绿色碰撞线会变成红色，如图 4-11 所示。鼠标单击红色碰撞线上的顶点，此时添加的顶点会被删除，还原到原来的水平碰撞线。

图 4-11　删除顶点

4.1.2　创建气球对象

步骤 1　切割图片

本次任务需要创建两个动态游戏对象，分别为气球（Balloon）、爆炸气球（ExplodeBalloon）。利用前面所学知识，对 Assets\Picture 文件夹中的图片进行切割。

步骤 2　创建 Balloon 对象

（1）将名为气球的图片直接拖曳至 Hierarchy 面板中，并重新命名为 Balloon。

（2）选择 Hierarchy 面板中的 Balloon 对象，在右边 Inspector 面板中修改位置（Position）和大小（Scale）属性，如图 4-12 所示。

图 4-12　修改气球的位置和大小属性

步骤 3　制作动画

（1）选中 Hierarchy 面板中的 Balloon 对象，在菜单栏执行 Window→Animation 命令，如图 4-13 所示。

53

图 4-13　选择 Animation 命令

（2）在打开的 Animation 编辑器中，单击右侧的 Create 按钮添加动画，将动画命名为 Balloon_idle，并保存动画。

（3）将气球图片拉入至画格中第 0 格的位置，即可为 Balloon 对象制作静止不动的动画，如图 4-14 所示。

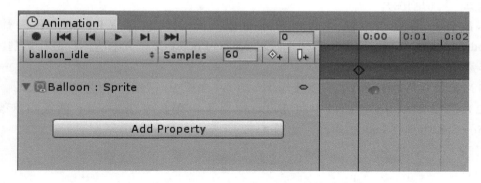

图 4-14　Balloon_idle 动画设置

（4）接着为 Balloon 对象创建晃动状态的动画。首先在 Animation 编辑器中选择 Ballon_idle →Create New Clip 下拉选项命令，如图 4-15 所示。

图 4-15　选择 Create New Clip 选项

（5）新建动画文件并命名为 balloon_shake。此时，Animation 面板中显示为 balloon_shake。单击 Add Property 按钮，在展开的属性中，选择 Scale 选项，单击其右侧的 "+" 按钮，如图 4-16 所示。

图 4-16 为对象添加缩放晃动动画

（6）系统会自动在第 0 画格和第 60 画格添加关键帧。在第 30 画格上方的地方双击鼠标，代表复制第 0 画格到这些位置上，如图 4-17 所示。

图 4-17 复制画格

（7）接着选择第 30 画格，将 x，y 的数值都调整为 1.05，如图 4-18 所示。设置完毕后可以单击左上角的预览按钮来查看效果。

图 4-18 设置第 30 画格

（8）预览动画并查看效果，可以适当调整动画播放速度，设置好动画后关闭 Animation

编辑器即可。

步骤 4 设置动画切换

（1）接下来进行动画间的关联设置，选中 Hierarchy 面板中的 Balloon 对象后，在菜单栏中选择 Window→Animator 命令，如图 4-19 所示。

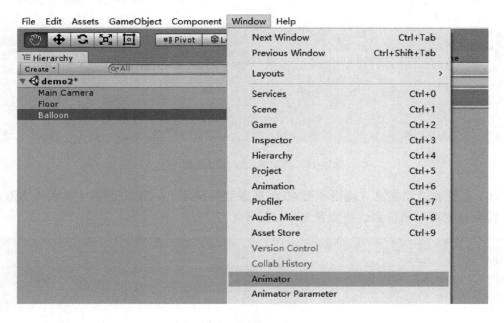

图 4-19　选择 Animator 命令

（2）在 Animator 编辑器中切换到 Parameters 选项面板，单击"+"按钮，在下拉列表中选择 Bool 选项，添加一个 Bool 类型的变量，变量名为 balloon_shake，如图 4-20 所示。

图 4-20　添加 Bool 变量 ballon_shake

（3）鼠标右键单击 Animator 编辑器中橘黄色的 balloon_idle 状态图标，选择 Make Transition 选项，连接到 balloon_shake 状态图标上。再右键单击 balloon_shake 状态图标，选择 Make Transition 选项，连接到橘黄色的 balloon_idle 状态图标上，这样就在 balloon_idle 状态图标和 balloon_shake 状态图标之间出现了双向连线，如图 4-21 所示。

图 4-21　双向连线

（4）要在 Inspector 面板中设置 conditions 的属性，则需要单击 balloon_idle 至 balloon_shake 方向的连线，此时连线会变成蓝色，如图 4-22 所示。找到 Inspector 面板中的 Conditions 属性，添加切换条件 balloon_shake 为 true，如图 4-23 所示。

图 4-22　单击连线

图 4-23　设置 Conditions 属性

（5）单击 ballon_shake 至 balloon_idle 方向的连线，找到 Inspector 面板中的 Conditions 属性，设置切换条件，选择 ballon_shake 变量为 false，如图 4-24 所示。

图 4-24　设置切换条件

上面完成的一系列工作，就是通过 Animation 编辑器为 Balloon 气球对象添加一个不动时的动画 balloon_idle 和一个晃动时的动画 ballon_shake，利用 Animator 组件将这两个动画进行关联，使用 Bool 类型变量 ballon_shake 来控制气球由不动到晃动时的状态改变。

4.1.3　创建钉子阵对象和橘子皮对象

步骤① 创建钉子阵对象

将 Assets\Picture 文件夹下的钉子阵图片拖曳到 Hierarchy 面板中，并在 Inspector 面板中设置钉子阵对象的位置和大小属性，如图 4-25 所示。

图 4-25　设置钉子阵的大小和位置

步骤② 创建橘子皮对象

同理，将 Assets\Picture 文件夹下的橘子皮图片拖曳到 Hierarchy 面板中，然后设置它的位置、大小属性值，并且旋转一定的角度，如图 4-26 所示。

图 4-26　设置橘子皮属性

4.1.4　创建爆炸气球对象

步骤① 创建对象

（1）将图片爆炸_0 直接拖曳至 Hierarchy 面板中，并重新命名为 ExplodeBalloon。

（2）选择 Hierarchy 面板中的 ExplodeBalloon 对象，在右边的 Inspector 面板中修改该对象的位置（Position）和大小（Scale）属性，如图 4-27 所示。

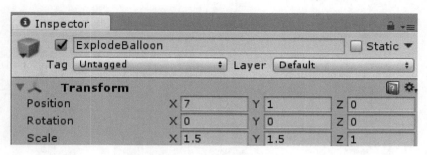

图 4-27　设置爆炸气球的位置和大小

步骤 2 制作动画

（1）为 Hierarchy 面板中的 ExplodeBalloon 对象添加动画。首先选中 Hierarchy 面板中的 ExplodeBalloon 对象，在菜单栏执行 Window→Animation 命令。

（2）在打开的 Animation 编辑器中，单击右侧的 Create 按钮添加动画，并将动画命名为 ExplodeBalloon。

（3）将图片爆炸_0 摆放至画格中 0 格的位置，图片爆炸_1 摆放至画格中 30 格的位置，图片爆炸_2 摆放至画格中 60 格的位置，如图 4-28 所示。

图 4-28　ExplodeBalloon 动画设置

（4）预览动画，查看效果，可以适当调整动画播放速度，设置好动画后关闭 Animation 编辑器即可。ExplodeBalloon 对象只有一种动画，程序一运行默认播放该动画。

4.1.5　添加图层

在 2D 平面下，有些对象会被遮挡，添加图层的目的是通过调整图层顺序，可以使其显示出来。

步骤 1 添加 front 和 behind 图层

（1）选中 Hierarchy 面板中的 Balloon 对象，在 Inspector 面板中展开 Sprite Renderer 折叠按钮，选择 Sorting Layers 下的 Add Sorting Layer 命令，如图 4-29 所示。

（2）单击"+"按钮，添加两个图层，分别命名为 front 和 behind，最后创建的图层会显示在最上面，如图 4-30 所示。

图 4-29　选择 Add Sorting Layer 命令

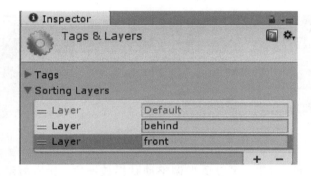

图 4-30　添加图层

步骤② 设置图层

（1）选择 Hierarchy 面板中的 Balloon 对象，在右边的 Inspector 面板中，将 Sorting Layer 属性设置为 front，如图 4-31 所示。

图 4-31　设置图层属性

（2）依次为 Hierarchy 面板中的其他对象设置图层位置，如表 4-1 所示。

表 4-1　各个对象的 Sorting Layer 属性

对象	Sorting Layer 属性值
Balloon	front
ExplodeBalloon	front
钉子阵	front
橘子皮	front
Floor	behind

（3）完成以上操作后查看效果，如图 4-32 所示。

图 4-32　查看添加对象后的效果

（4）可以看到橘子皮挡住了爆炸效果，为了让爆炸效果显示在前面，对于同一层的对象，可以通过设置 Order in Layer 属性进行处理，这里将爆炸气球的 Order in Layer 属性设置为 1（数值越大显示越靠前），如图 4-33 所示。最终的效果如图 4-34 所示。

图 4-33　设置 Order in Layer 选项

图 4-34　最终效果

4.2　碰撞检测

通过前面动画编排与条件设置，使得气球具备了动画效果，但是和钉子阵、橘子皮并没有交互。本节将分别给这些对象添加碰撞体，并编写相应的代码，控制气球移动碰撞钉子阵引发其晃动，之后碰撞橘子皮触发爆炸动画，从而完成气球漫游的全过程。

4.2.1　添加碰撞器和触发器

（1）为气球对象添加 Rigidbody 2D。首先选中 Hierarchy 面板的 Balloon 对象，选择菜单栏中 Component →Physics2D→Rigidbody 2D 命令，如图 4-35 所示。或者在 Inspector 面板下方单击 Add Component 按钮，添加 Rigidbody 2D，所有设置采用默认值。

图 4-35　添加 Rigidbody 2D

（2）分别为气球、钉子阵、橘子皮三个游戏对象添加 Box Collider 2D 碰撞器。选中 Hierarchy 面板的游戏对象，单击上方 Component 菜单栏，选择菜单栏中的 Component→ Physics2D→Box Collider2D 命令，如图 4-36 所示，添加碰撞检测器。或者在 Inspector 面板下方单击 Add Component 按钮，添加碰撞检测器 Box Collider 2D。

图 4-36　添加 Box Collider 2D 碰撞器

（3）将气球和钉子阵之间的碰撞设置为碰撞器，将气球和橘子皮之间的碰撞设置为触发器。设置触发器的操作方法是：首先选择 Hierarchy 面板中的橘子皮对象，在右边的 Inspector 面板中找到 Box Collider 2D 组件，勾选 Is Trigger 复选框，即可将碰撞器改为触发器，如图 4-37 所示。

图 4-37　勾选 Is Trigger 复选框

（4）选择 Hierarchy 面板中的 Balloon 对象，在右边 Inspector 面板中找到 Box Collider 2D 属性，单击 Edit Collider 按钮，如图 4-38 所示。

图 4-38　单击 Edit Collider 按钮

（5）这时在场景中就可以对 Balloon 对象的碰撞检测器进行修改，将其调整到一个合适的大小，如图 4-39 所示。采用同样的方法对其他对象的碰撞检测器进行修改。

4.2.2　编写气球控制代码

步骤①　创建脚本文件夹
在 Assets 中创建一个新的子文件夹，命名为 Script。

图 4-39　修改碰撞器

在 Script 文件夹中再创建两个脚本文件，分别命名为 Balloon_Control 和 Tool_Control。

步骤 ② 编写气球（Balloon_Control）控制代码

这部分代码将实现按下左、右方向键控制气球左右移动，按下向上方向键控制气球弹起。若按下的是向左方向键，气球可以旋转 180°，让气球调转方向。若碰到了钉子阵，气球晃动。碰到橘子皮，气球爆炸。具体代码如下。

```
1.  using System.Collections;
2.  using System.Collections.Generic;
3.  using UnityEngine;
4.  public class Balloon_Control : MonoBehaviour
5.  {
6.      Animator Main_Animator;
7.      Transform Player;
8.      public Transform balloon_explode;
9.      public bool balloon_shake;
10.     public float MoveSpeed;
11.     void Start ()
12.     {
13.         Player = gameObject.transform;
14.         Main_Animator = Player.GetComponent<Animator> ();
15.         MoveSpeed = 10f;
16.     }
17.     void Update ()
18.     {
19.         Main_Animator.SetBool ("balloon_shake", balloon_shake);
20.         if (Input.GetKey (KeyCode.LeftArrow))
21.         {
22.             Player.eulerAngles = new Vector3 (0, 180, 0);
23.             Player.Translate (MoveSpeed * Time.deltaTime, 0, 0);
24.         }
25.         if (Input.GetKey (KeyCode.RightArrow))
26.         {
27.             Player.eulerAngles = Vector3.zero;
28.             Player.Translate (MoveSpeed * Time.deltaTime, 0, 0);
29.         }
30.         if (Input.GetKey (KeyCode.UpArrow))
31.         {
32.             Player.Translate (0, MoveSpeed * Time.deltaTime, 0);
33.         }
34.     }
35.     void OnCollisionEnter2D (Collision2D c)
36.     {
```

```
37.          if (c.gameObject.name == "钉子阵") {
38.              balloon_shake = true;
39.          }
40.      }
41.      void OnCollisionExit2D (Collision2D c)
42.      {
43.          if (c.gameObject.name == "钉子阵")
44.          {
45.              balloon_shake = false;
46.          }
47.      }
48.      void OnTriggerStay2D (Collider2D c)
49.      {
50.          if (c.gameObject.name == "橘子皮")
51.          {
52.              Destroy (gameObject);
53.              Instantiate (balloon_explode, this.transform.position,
Quaternion.identity);
54.          }
55.      }
56. }
```

【程序代码说明】

第 6 行：声明一个 Animator 类对象。

第 7~8 行：声明 Player 对象和 balloon_explode 对象。

第 9 行：声明 bool 类型的变量 balloon_shake，用于动画切换。

第 10 行：声明一个 float 变量来存储角色移动速度。

第 13 行：获取玩家对象本身。

第 14 行：获取 Animator 组件。

第 15 行：设置移动速度为 10。

第 19 行：为动画控制器变量 balloon_shake 设置值。

第 20~24 行：判断是否按下了向左的方向键，对象水平旋转180°，向左边方向移动。

第 25~29 行：判断是否按下了向右的方向键，对象旋转值归零，对象向右边方向移动。

第 30~33 行：判断是否按下了向上的方向键，对象向上移动。

第 35~40 行：如果碰到钉子阵，设置 balloon_shake = true，即播放动画。

第 41~47 行：如果离开钉子阵，设置 balloon_shake = false。

第 48~55 行：如果碰到橘子皮，销毁对象，气球爆炸。进入触发器时会调用 OnTriggerStay2D 函数，进入碰撞器时会调用 OnCollisionEnter2D 函数。

步骤 3 为 Balloon 对象添加脚本组件

将创建的脚本添加到 Hierarchy 面板的 Balloon 对象上。运行程序进行测试，气球已经能够移动。碰到钉子阵时会被阻止，按下向上的方向键气球会被弹起，落入钉子阵后，气球出现晃动。碰到橘子皮后气球爆炸。但是气球爆炸的动画一直显示在屏幕上，也没有消失，这些问题将在下面解决。

4.2.3 编写爆炸控制代码

步骤 ① 编写爆炸控制代码（Tool_Control）

```
1.  using System.Collections;
2.  using System.Collections.Generic;
3.  using UnityEngine;
4.  public class Tool_Control : MonoBehaviour {
5.      void OnTriggerStay2D(Collider2D c)
6.      {
7.              Destroy (this.gameObject, 1);
8.      }
9.  }
```

【程序代码说明】

第 5～8 行：OnTriggerStay2D 函数用于判断是否有碰撞体位于碰撞器内，如果有，过 1 秒钟后对象销毁。

步骤 ② 为 ExplodeBalloon 对象添加脚本组件

将创建的脚本添加到 ExplodeBalloon 对象上。现在运行程序进行测试，发现爆炸过程也能消失了。

4.3 创建预制体

步骤 ① 创建 ExplodeBalloon 预制体

（1）在 Assets 文件夹中新建一个子文件夹，命名为 Prefab。将 Hierarchy 面板中的 ExplodeBalloon 对象作为预制体拖曳到 Prefab 文件夹中，如图 4-40 所示。只要将 Hierarchy 面板拖曳到 Project 面板中，就是创建了预制体。

（2）选中 Hierarchy 面板中的 Balloon 对象，将 ExplodeBalloon 预制体拖曳到右边 Inspector 面板中 Balloon_Control 脚本组件的 Balloon_explode 栏中，如图 4-41 所示。

图 4-40 创建预制体 ExplodeBalloon

图 4-41　添加预制体

步骤 ② 运行软件

（1）将预制体对象添加后，删除 Hierarchy 面板中的 ExplodeBalloon 对象。

（2）运行软件，发现一开始不会出现爆炸效果，而是在后期动态创建。

（3）最后保存场景文件。

知 识 总 结

知识点一：碰撞与碰撞器

要产生碰撞必须为游戏对象添加刚体（Rigidbody）和碰撞器(Collider)，刚体可以让物体在物理影响下运动，而碰撞器是一群组件，包含了很多种类型，不同的类型应用于不同的场合，但必须加到 GameObject 上。物体发生碰撞的必要条件是两个物体都必须带有碰撞器，其中一个物体还必须带有 Rigidbody 刚体。

（1）Rigidbody 2D（刚体碰撞器）：任何会动的对象都需要加入刚体碰撞器，玩家所操控的主角加入刚体碰撞器后，在对象外观的显示上没有任何的不同。但是在 Inspector 面板中可以为对象调整摩擦力（Mass）、线性阻力（Linear Drag）、旋转阻力（Angular Drag）、重力（Gravity Scale）等参数，用来模拟真实世界的物理现象。

（2）Box Collider 2D（箱形碰撞器）：箱形碰撞器，又称盒装碰撞器，可以快速为对象加入一个方形的检测层。加入箱形碰撞器后，在对象的外观可以看到一条由绿线组成的框架，此框架就是碰撞的检测范围，在 Inspector 面板中可以调整此碰撞器的中心坐标和长宽尺寸。

（3）Circle Collider 2D（圆形碰撞器）：圆形碰撞器可以给对象加入一个圆形检测层。加入圆形碰撞器后，在组件的外观可以看到一个圆形检测范围，在 Inspector 面板中可以调整此碰撞器的材质、中心坐标和半径。

（4）Edge Collider 2D（边缘碰撞器）：边缘碰撞器可以给对象加入一条碰撞检测线。加入碰撞检测线之后，可以在组件的外观看到一条绿色检测线，在 Inspector 面板中可以调整此碰撞器的形状。

（5）Polygon Collider 2D（多边形碰撞器）：多边形碰撞器可以给对象加入一个描绘对象外框所形成的碰撞层。与其他碰撞器相比，多边形碰撞器能够更精准地捕捉对象的物理检测范围。

每种类型的碰撞器，我们都可以根据需要修改它们的碰撞范围。

 知识点二：触发与触发器

触发（Trigger）和碰撞非常类似，触发指的是当两个对象发生碰撞时所引发的特殊事件，因此触发同样需要设置碰撞范围来进行检测，所以同样要为对象加入 Box Collider 2D、Circle Collider 2D 等碰撞器。除了 Rigidbody（刚体）碰撞器之外，其他碰撞器都有一个名为 Is Trigger 的属性复选框可以勾选，当此复选框被勾选后，碰撞器就会被认定是触发器，从这点更加体现出 Rigidbody（刚体）的独特性，也就是说 Rigidbody 是不可以被指定为触发器的。

Rigidbody 之所以不可以被指定为触发器，主要是因为被加入触发器的对象不会受到物理现象的影响（例如碰撞、重力），但 Rigidbody 是为了设置物理现象而诞生的碰撞器，在这样的定义下就会产生冲突。

 知识点三：碰撞器和触发器的区别

碰撞器和触发器的区别主要有以下几点。
（1）碰撞器不勾选 Is Trigger 属性复选框，对象会受到碰撞或重力影响。
（2）碰撞器勾选 Is Trigger 属性复选框时，就是触发器，对象不会受到碰撞或重力影响。
（3）若要对两个对象进行碰撞检测，则双方必须拥有碰撞器。
（4）若要对动态对象与静态对象进行碰撞检测，则动态对象必须拥有刚体碰撞器。
（5）碰撞或触发只能选择一种进行检测与执行，两者无法共存。
（6）触发器并非取消碰撞，而是取消了物理反应的碰撞器。

 知识点四：预制体

预制体就相当于一个模板，可用于批量的套用工作。在 Unity 的工程建设中，Prefabs（预制体）是非常常用的一种资源类型，是一种可被重复使用的游戏对象。

预制体具有以下特点。
（1）它可以被置入多个场景中，也可以在一个场景中多次置入。
（2）当在场景中增加一个 Prefabs，就实例化了一个 Prefabs。
（3）所有 Prefabs 实例都是 Prefabs 原型的克隆。
（4）只要 Prefabs 原型发生改变，所有 Prefabs 实例都会产生变化，但是克隆体的改变并不会对母版造成影响（位于 Project 面板中的 Prefabs 是原型，即母版；拖曳到 Hierarchy 面板中的 Prefabs 是实例）。

知识点五：渲染顺序

Sorting Layer 用于对渲染层级顺序进行控制。在气球漫游动画中，利用 Sorting Layer 属性的设置，创建了名为 front 和 behind 的两个图层，是为了让地板 Floor 这个对象和其他对象（气球、钉子阵、橘子皮、爆炸）处于不同的层，按不同的顺序进行渲染，制作地板在其他游戏对象后面的效果。选择 Sorting Layer 属性，单击 "+" 添加按钮，就可以看到当前所有的 Sorting Layer，并且可以更改 Sorting Layer 的顺序，排位靠后的 Sorting Layer 会覆盖排位靠前的 Sorting Layer。在气球漫游这个实例中，地板 Floor 对象位于排位靠前的 behind 层，而其他对象处于排位靠后的 front。

需要注意不要混淆的是 GameObject 的 Layer 属性，Layer 主要是通过光线投射来选择性地忽略碰撞器，或者添加碰撞功能。

试一试

根据所给素材完成子弹的碰撞与触发。首先为子弹和墙壁添加碰撞器与触发器，运行后子弹碰撞到墙壁，会触发爆炸动画，并且子弹消失（资源文件路径：Unity 3D/2D 移动开发实战教程\第 4 章\试一试）。

第5章 英语启蒙教育小游戏

在英语启蒙教育小游戏的制作过程中，除了综合运用前面所学知识，还将学习 Unity 中插件的使用方法，让学习者不仅能获得知识，而且能理论联系实际，解决实际问题。

5.1 软件介绍

英语启蒙教育小游戏在运行过程中，使用者可以通过鼠标单击字母，使字母出现放大的效果，同时伴随音频播放，以此来认识字母；也可以通过按住鼠标左右滑动，使字母出现左右摇摆的效果，同时伴随音频播放，可以感知和认识方向；还可以通过拖动鼠标画出字母的形状，使字母出现放大的效果，同时伴随音频播放，既以游戏的形式认识字母，也可以促进字母书写的学习。

5.1.1 起始界面

英语启蒙教育小游戏有一个起始界面，在起始界面上有一个按钮，按钮上的"请滑向形状，或点点看、画画形状"的提示信息，起到了软件使用说明的作用，也为真正进入游戏起到过渡的作用，效果如图 5-1 所示。

图 5-1　软件起始界面

5.1.2 软件界面

由起始界面单击按钮就进入了软件，界面摆放了 A、B、D、F 四个字母，并且这四个字母进行了艺术化处理，在四个字母的中间对相应的操作进行信息提示，增加了学习过程中的趣味性，效果如图 5-2 所示。

图 5-2　软件界面效果

5.2　创建对象和动画

任务要求

这部分主要完成三项工作，一是英语启蒙教育小游戏的素材准备，二是完成四个字母放大和左右摇摆的动画，三是让每个字母的动画之间建立联系，即字母状态可以发生改变，由静止不动到放大或者左右摇摆，效果如图 5-3 所示。

通过完成任务：

- 掌握创建对象与创建动画的制作方法。
- 进一步熟悉 Unity 中动画的制作和控制。
- 进一步熟悉在动画之间建立联系的方法。

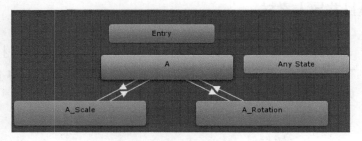

图 5-3　最终效果

（资源文件路径：Unity 3D/2D 移动开发实战教程\第 5 章\实例 1）

5.2.1　素材准备

步骤 1 准备图片素材

由于游戏里面会出现四个不同的英文字母，首先要创建一个名为 Texture 的文件夹，在该文件夹里存放事先准备好的 A、B、D 和 F 四个英文字母图片，如图 5-4 所示。

图 5-4　四个英文字母图片

步骤② 音频素材

另外在游戏中特别加入了语音播放的功能。首先创建名为 Sound 的文件夹，在该文件夹里存放事先准备好的录音文件，各个录音文件名与对应的语音内容整理如表 5-1 所示。

表 5-1　文件名与语音内容

文件名	语音内容
B	Letter B
Bz	B 在左边
F	Letter F
Fy	F 在右边
A	Letter A
As	A 在上面
D	Letter D
Dx	D 在下面

5.2.2　创建项目并导入素材

启动 Unity，创建一个新的 2D 项目。然后将准备好的 Texture 素材文件夹和 Sound 素材文件夹复制粘贴到 Assets 文件夹中，随即便可以在 Unity 的 Project 面板中看到这两个素材文件夹，如图 5-5 所示。

图 5-5　Assets 中的素材文件夹

5.2.3 创建对象与动画

在创建字母对象和为字母对象创建动画时，四个字母的操作步骤是完全一样的，这里以字母 A 为例进行详细讲解，对于其他字母，仿效字母 A 即可，把操作步骤中字母 A 换成其他字母就能得到与字母 A 相同的效果。

步骤① 创建字母 A 对象

将 Assets\Texture 文件夹下的字母 A 图片直接拖曳至 Hierarchy 面板中，重新命名为 A，即创建了一个名为 A 的对象，如图 5-6 所示。然后在场景面板把字母 A 摆放在合适的位置。

图 5-6 创建字母 A 对象

步骤② 为字母 A 对象添加动画

（1）为字母 A 对象添加静止不动的动画。先在 Assets 文件夹下新建一个 anim 文件夹，统一保存所有创建的动画文件，以便进行管理。

（2）选择 Hierarchy 面板中的字母 A 对象，从菜单栏中选择 Windows→Animation 命令，进入 Animation 编辑器中。

步骤③ 创建字母 A 静止不动的动画

（1）单击 Animation 编辑器中的 Create New Clip 按钮来创建动画文件，将文件命名为 A，保存到 anim 文件夹。

（2）将 Assets\Texture 文件夹下的字母 A 图片直接拖曳至第 0 画格，如图 5-7 所示。

图 5-7 将字母 A 图片拖曳至第 0 画格

步骤④ 创建字母 A 的缩放动画

（1）在打开的 Animation 动画编辑器中，单击名为 A 动画左侧的下拉按钮，在下拉列表中选择 Create New Clip……命令，创建一个名为 A_Scale 的动画文件，该文件是字母 A

放大缩小的动画。

（2）选择 A_Scale 动画文件，将 Assets\Texture 文件夹下的字母 A 图片直接拖曳至第 0 画格。然后单击 Add Property 按钮，在展开的属性列表中选择 Scale 选项，再单击其右侧的"+"按钮，如图 5-8 所示。

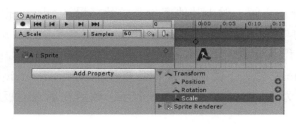

图 5-8　给 A 对象加入缩放的动画

（3）然后在第 30 画格、第 60 画格的上方双击鼠标，代表复制第 0 画格到这些位置上，如图 5-9 所示。

图 5-9　复制画格

（4）接着选择第 30 画格，将红色的播放条也移动到第 30 画格处，然后将 X、Y 和 Z 轴的数值都调整为 2，如图 5-10 所示。设置完毕后，可以单击左上角的预览按钮来查看效果。

图 5-10　设置 30 画格

步骤 5　创建字母 A 左右旋转动画

（1）打开 Animation 动画编辑器中，单击名为 A 动画左侧的下拉按钮，在下拉列表中选择 Create New Clip……命令，创建一个名为 A_Rotation 的动画文件，该文件是字母 A 向左或向右旋转的动画，可以实现左右摇摆的效果。

（2）选择 A_Rotation 动画文件，将 Assets\Texture 文件夹下的字母 A 图片直接拖曳至第 0 画格，然后单击 Add Property 按钮，在展开的属性列表中选择 Rotation 选项，然后单击其右侧的"+"按钮，如图 5-11 所示。

图 5-11　给字母 A 对象加入左右旋转的动画

（3）然后在第 20、40、60 画格上方双击，将第 0 画格复制到 20、40、60 画格处，如图 5-12 所示。

图 5-12　复制画格

（4）单击选中第 20 画格，将红色的播放条也移动到第 20 画格处，然后将 Z 的数值调整为 45，步骤如图 5-13 所示。

图 5-13　设置第 20 画格属性

（5）单击选中第 40 画格，将红色的播放条也移动到第 40 画格处，然后将 Z 值调整为 -45，如图 5-14 所示。设置完毕后可以单击左上角的播放按钮，查看动画的效果。

图 5-14　设置第 40 画格

75

步骤 6 建立动画间的关联

（1）关闭 Animation 动画编辑器，双击 Project→assets →anim →A.controller 文件，打开 Animator 动画控制器面板。或者选择菜单栏中的 Windows→Animator 命令，打开 Animator 动画控制器面板。

（2）在字母 A 的三个动画 A、A_Scale 和 A_Rotation 之间建立图 5-15 所示的关联性。若建立由 A 指向 A_Scale 的关联，只需用鼠标右键单击 A 图标按钮（图 5-15 所示的黄色图标按钮），在弹出菜单中选择 Make Transition 命令，再单击 A_Scale 图标按钮即可。然后使用同样的操作方法，完成其他关联。

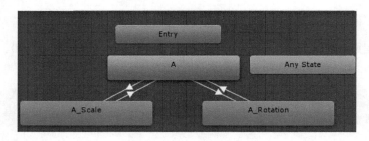

图 5-15　建立 A 与另外两个动作的关联性

（3）在 Animator 动画控制器面板左上角的 Parameters 选项卡下单击"＋"按钮，添加一个 Trigger 变量，并命名为 scale，如图 5-16 所示。

图 5-16　添加 scale 变量

（4）单击 A 动画至 A_Scale 动画方向的连线，在 Inspector 面板中即可看到 Conditions 条件的选项，如图 5-17 所示。将选项改为刚才添加的 Trigger 类型的变量 scale，代表触发 scale，可以由字母 A 的 A 动画切换到 A_Scale 动画。

图 5-17　设置 A 切换到 A_Scale 的条件

（5）接着单击 A_Scale 动画至 A 动画方向的连线，在 Inspector 面板的 Settings 选项区域中，保持 Exit Time 等于 0.75 的数值不变，即代表缩放动画播放至 0.75 秒后回到静止状态，如图 5-18 所示。

图 5-18　设置 A_Scale 到 A 的切换条件

（6）下一步进行动画 A_Rotation 的设置，在 Animator 动画控制器面板左上角的 Parameters 选项区域中单击"＋"按钮，添加一个 Trigger 变量，命名为 rotation，如图 5-19 所示。

（7）选择 A 动画至 A_Rotation 动画方向的连线，进入 Inspector 面板，将 Conditions 条件的选项改为刚才添加的 Trigger 类型的变量 rotation，代表触发 rotation 可以由字母 A 的 A 动画切换到 A_Rotation 动画，如图 5-20 所示。

图 5-19　添加 rotation 变量

图 5-20　设置 A 切换到 A_Rotation 的条件

（8）接着单击 A_Rotation 动画至 A 动画方向的连线，在 Inspector 面板的 Settings 设置中，保持 Exit Time 等于 0.75 的数值不变，即代表左右旋转动画播放至 0.75 秒后回到静止状态，如图 5-21 所示。

图 5-21　设置 A_Rotation 动画至 A 动画切换的条件

然后以相同的步骤完成字母 B、D、F 的对象创建、动画创建和动画间关联的相关操作。

5.3　手势对象及其事件

上面工作完成了四个字母对象的创建，制作了每个字母静止不动的动画、缩放动画、

77

左右旋转动画，并建立了动画间的关联。为了在游戏运行中，能够让这些动画播放，将用处理用户输入的 FingerGestures 插件，通过该插件的轻击手势识别器、滑动手势识别器和自定义手势识别器的应用，可以完成游戏过程中单击字母放大、按指定方向滑动字母、左右摇摆和识别手绘字母放大的效果。

任务要求

本次任务是一个难度较高的综合任务，将动画、FingerGestures 插件以及音频等结合在一起来完成游戏的功能。首先是基于 FingerGestures 插件的单击、滑动、识别用户手势事件实现认识字母、认识方向和学习字母基本书写（动手画画看）的功能；然后通过脚本的添加，实现音频效果的播放。

图 5-22 和图 5-23 是鼠标在字母 F 上单击，字母 F 放大的效果，同时在屏幕上显示"字母 F"，而且有同步语音，实现初步认识字母。图 5-24 和图 5-25 是鼠标在屏幕上从右往左滑动，字母 B 左右旋转的效果，同时在屏幕上显示"B 在左面"，而且有同步语音，实现认识字母和方向。图 5-26 和图 5-27 是鼠标在屏幕上画出字母 D 的形状，字母 D 放大显示的效果，同时在屏幕上显示"字母 D"，而且有同步语音，实现字母基本书写的学习。

图 5-22　鼠标在字母 F 上单击

图 5-23　鼠标单击字母 F 后放大的效果

图 5-24　鼠标在字母 B 上从右往左滑动

图 5-25　字母 B 左右旋转的效果

图 5-26　鼠标绘制字母 D 的形状

图 5-27　识别手势后字母 D 放大的效果

通过完成任务：

● 学习在 Unity 项目中如何添加插件。

● 熟练使用 FingerGestures 插件，实现单击、滑动等操作。

● 掌握用 FingerGestures 插件创建手势模板和识别用户手势的方法。

● 掌握 Audio Source 音频组件的使用方法，实现控制音频和播放音频操作。

（资源文件路径：Unity 3D/2D 移动开发实战教程\第 5 章\实例 1）

5.3.1　导入并创建 FingerGestures 对象

本任务将使用 FingerGestures 插件实现单击和滑动的操作，首先需要导入该插件，创建 FingerGestures 对象。在程序中主要使用了 Tap、Swipe 和 Point Cloud 三种事件，各个事件所应用的动作如表 5-2 所示。

表 5-2　事件及相应动作

事件	动作
Tap	检测单击四个英文字母图片时触发的动作
Swipe	检测在屏幕上滑动时的动作
Point Cloud	检测在屏幕上画出对应形状时触发的动作

步骤 1　导入 FingerGestures 插件

（1）要将 FingerGestures 插件导入至本项目内，则首先需要在 Project 面板的 Assets 文件夹下创建一个名字为 Plugins 的文件夹。

（2）在 Plugins 文件夹中右键单击，在弹出的菜单中选择 Import Package→Custom Package 命令。然后选择素材中的插件文件，单击确定按钮。

（3）在弹出的 Import Unity Package 对话框中单击 Import 按钮，完成插件的导入工作。

步骤 2　创建 FingerGestures 对象

要使用此插件的功能，必须先创建一个 FingerGestures 对象。创建方式是从 Project 面

Unity 3D/2D 移动开发实战教程

板的 Assets\Plugins\FingerGestures\Prefabs 文件夹中将 FingerGestures 预制体直接拖曳至 Hierarchy 面板，完成创建，如图 5-28 所示。

图 5-28　创建 FingerGestures 对象

5.3.2　创建 Gestures 对象

本游戏的手势控制检测可以发生在屏幕界面的任何一个地方，首先需要创建一个 Gestures 对象作为检测手势发生的主要对象。创建对象的方法是选择菜单栏的 GameObject→Create Empty 命令，新建一个空的对象，并将其命名为 Gestures，如图 5-29 所示。

接着将 Gestures 对象的 Position 属性调整为和 MainCamera 的位置一样，如图 5-30 所示。

图 5-29　创建 Gestures 对象

图 5-30　设置 Gestures 对象属性

5.3.3　添加检测事件和碰撞器

步骤① 添加射线检测

在选中 Gestures 对象的情况下，只有为此对象加入射线检测 Screen Raycaster，才能正确地检测各种手指事件的触发。我们可以通过依次在菜单栏中选择 Component→ FingerGestures→Components 菜单选项来加入 Screen Raycaster，如图 5-31 所示。

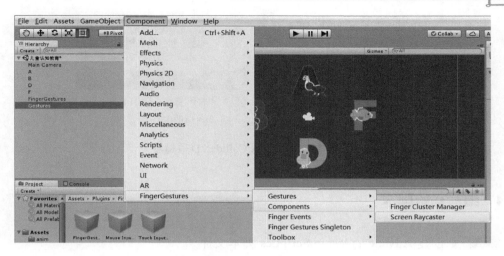

图 5-31　添加 Screen Raycaster

步骤 ❷ 添加检测事件

若要为 Gestures 对象加入检测事件，请先选中 Gestures 对象，再依次选择菜单栏中的 Component→FingerGestures→Gestures 命令，分别加入 Tap Recognizer、Swipe Recognizer 和 Point Cloud Recognizer 三个事件，如图 5-32 所示。这样就为识别单击、滑动、手势识别做好了准备。

图 5-32　添加三个检测事件

步骤 ❸ 加入 Box Collider 2D

只有为 4 个英文字母加入碰撞范围的检测，才能清楚定义出会对手指控制产生反应的区域，因此分别选择 A、B、D 和 F 对象，选择菜单栏的 Component→Physics 2D→Box Collider 2D 命令添加碰撞器，如图 5-33 所示。

图 5-33　添加 Box Collider2D 碰撞器

5.3.4　编写初始脚本

步骤 1　创建 AdvancedGestureScript.cs 脚本文件

在 Assets 文件夹中创建 AdvancedGestureScript.cs 脚本文件并打开，然后在其中定义成员变量。

```
1.  using System.Collections;
2.  using System.Collections.Generic;
3.  using UnityEngine;
4.  public class AdvancedGestureScript : MonoBehaviour {
5.      public GameObject A;
6.      public GameObject B;
7.      public GameObject D;
8.      public GameObject F;
9.      public AudioClip[] clip;
10.     public Animator anim_A;
11.     public Animator anim_B;
12.     public Animator anim_D;
13.     public Animator anim_F;
14.     public string text;
15.     void Start () {
16. ……
```

【程序代码说明】

第 5~8 行：创建字母对象 A、B、D、F。

第 9 行：定义存储声音剪辑的数组。

第 10~13 行：定义 Animator 类型的对象 anim_A、anim_B、anim_C、anim_D。

第 14 行：定义一个字符串变量 text，用于存储屏幕上的显示信息。

步骤 2　建立脚本文件与 Gestures 对象的连接

保存该脚本文件，并把该文件拖曳至 Hierarchy 面板的 Gestures 对象上，建立对象与程序的连接，如图 5-34 所示。

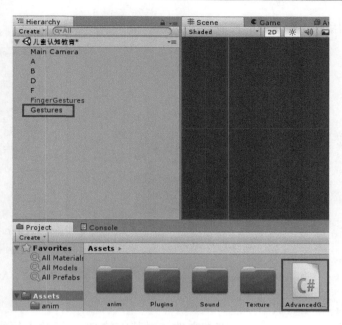

图 5-34　建立对象和程序的连接

步骤 3 为字母对象赋值

选中 Hierarchy 面板的 Gestures 对象，在 Inspector 面板中找到 Advanced Gestures Script 组件并展开，将 Hierarchy 窗口的 A、B、D 和 F 对象拖曳至对应的字段中，按图 5-35 为各个对象赋值。

图 5-35　为字母对象赋值

步骤 4 添加 Audio Source 对象

（1）由于本项目需要使用声音文件（或音频文件），因此必须在 Gestures 对象上加入 Audio Source 组件。选择菜单栏中的 Component→Audio→Audio Source 命令，为 Gestures 对象添加组件，此组件可用来控制音频的播放，如图 5-36 所示。

（2）在 Inspector 面板会出现 Audio Source 组件，如图 5-37 所示。本游戏可以直接使用 Audio 的默认参数执行，各属性的含意如下。

- Audio Clip：用来指定要播放的音频文件。
- Mute：勾选该复选框程序将设置为静音。
- Play On Awake：勾选该复选框后，一执行程序就开始播放音频文件。
- Loop：勾选该复选框将开启循环播放。

● Volume：用于音量大小的控制。

图 5-36　添加 Audio Source 组件　　　　图 5-37　Audio Source 组件

步骤 5 编写 Start 函数

打开 AdvancedGestureScript.cs 脚本文件，对其中的 Start 函数进行修改。Start 函数的主要作用是设置游戏一开始时各个变量的初始值，使用 GetComponent<Animator>方法获取各个英文字母的动画，具体代码如下。

```
1.  void Start ()
2.  {
3.      anim_A = A.GetComponent<Animator> ();
4.      anim_B = B.GetComponent<Animator> ();
5.      anim_D = D.GetComponent<Animator> ();
6.      anim_F = F.GetComponent<Animator> ();
7.      text = "请滑向形状，或点点看、画画形状。";
8.  }
```

【程序代码说明】

第 3 行：获取 A 对象上的 Animator 组件。

第 4 行：获取 B 对象上的 Animator 组件。

第 5 行：获取 D 对象上的 Animator 组件。

第 6 行：获取 F 对象上的 Animator 组件。

步骤 6 添加 OnGUI 函数

此函数是用来制作显示文字的 Label，将通过 Unity 内建的 GUI 组件来实现。在查看程序代码之前先来认识一下 GUI 组件，GUI 组件是 Unity 内建用来设计"用户界面（UI）"的对象，因此若需要在界面中显示文字标签（Label）、按钮（Button）、工具栏（Toolbar）、文本输入框（TextField）等都可以直接通过 GUI 内建的方法来产生。

以绘制一个按钮（Button）为例，可通过 GUI.Button( )方法来产生按钮，而一般按钮都为矩形，因此要通过矩形绘制方法 Rect 来设置按钮的坐标、大小与文字。以下面这段标准程序语法为例：

GUI.Button（new Rect（10,10,50,30），"Click"））

其中：

- GUI.Button：代表产生一个 GUI 按钮。
- Rect：代表创建按钮的矩形区域。
- （10,10）：代表按钮左上角的 X 和 Y 坐标。
- "Click"：代表按钮上的文字。

本游戏因为只是显示文字，并不具有按钮的功能，因此调用 GUI 里面的 Label 来显示文字。为了在显示不同长度字符串时整个 Label 都能处于界面的中央，因此根据不同的字符串长度（text.Length），定义设置了 Label 的坐标会随着屏幕的尺寸而变动，而 Label 的大小则都定义为 300×300pixels。为了显示清晰，设置了显示文字的大小和颜色。程序代码如下：

```
1.   void OnGUI()
2.   {
3.       GUIStyle bb=new GUIStyle();
4.       bb.fontSize = 30;
5.       bb.normal.textColor=new Color(1,0,0);
6.       if(text.Length>=10)
7.       {
8.           GUI.Label(new Rect((float)(Screen.width*0.4),(float)
(Screen.height*0.5),300,300),text,bb);
9.       }
10.      else if(text.Length>=4)
11.      {
12.          GUI.Label(new Rect((float)(Screen.width*0.45),(float)
(Screen.height*0.5),300,300),text,bb);
13.      }
14.      else
15.      {
16.          GUI.Label(new Rect((float)(Screen.width*0.5),(float)
(Screen.height*0.5),300,300),text,bb);
17.      }
18.   }
```

步骤 7 运行程序进行测试

运行程序后查看屏幕上的字母对象和"请滑向形状，或点点看、画画形状"文本，效果如图 5-38 所示。但是单击字母、在屏幕上滑动等操作都没有响应，下面章节会具体介绍如何处理这些事件。

图 5-38　运行效果

5.3.5　Tap 事件处理

FingerGestures 插件的 Tap 事件（单击事件）的默认处理函数是 OnTap。此函数常用来处理在界面中单击时所要执行的操作。我们需要单击英文字母触发以下三个操作。

（1）放大显示此英文字母。

（2）播放该字母的读音。

（3）文字框内显示此字母的文字。

步骤 ① 添加 OnTap 函数

打开 AdvancedGestureScript.cs 脚本文件，添加 OnTap 函数来检测单击四个英文字母所要触发的事件。

```
1.      ......
2.      void OnTap(TapGesture gesture)
3.      {
4.          if(gesture.Selection==A)
5.          {
6.              anim_A.SetTrigger ("scale");
7.              GetComponent<AudioSource>().clip=clip[0];
8.              GetComponent<AudioSource>().Play();
9.              text = "字母A";
10.         }
11.         if(gesture.Selection==B)
12.         {
13.             anim_B.SetTrigger ("scale");
14.             GetComponent<AudioSource>().clip=clip[1];
15.             GetComponent<AudioSource>().Play();
16.             text = "字母B";
17.         }
```

```
18.          if(gesture.Selection==D)
19.          {
20.              anim_D.SetTrigger ("scale");
21.              GetComponent<AudioSource>().clip=clip[2];
22.              GetComponent<AudioSource>().Play();
23.              text = "字母 D";
24.          }
25.          if(gesture.Selection==F)
26.          {
27.              anim_F.SetTrigger ("scale");
28.              GetComponent<AudioSource>().clip=clip[3];
29.              GetComponent<AudioSource>().Play();
30.              text = "字母 F";
31.          }
32.      }
33.      ......
```

【程序代码说明】

第 4～10 行：首先通过 gesture.Selection 获取当前被单击的对象，判断如果被单击的对象是 A，将播放对象 A 的缩放动画；将音频数组 Clip[0]的音频文件内容赋值给 Audio Source 对象，使用 Play( )方法播放声音；并指定显示的文字内容为"字母 A"。

第 11～17 行：实现对字母 B 单击的效果。

第 18～24 行：实现对字母 D 单击的效果。

第 25～31 行：实现对字母 F 单击的效果。

步骤 2 给音频数组赋值

在 Inspector 面板中为 Clip 音频数组赋值，方便使用程序播放不同的音频文件，数组的大小可以通过 Size 的值来决定，如图 5-39 所示。OnTap 函数只用到数组中的部分内容，这里将数组的 Size 设置为 8，其他音频后续使用。

步骤 3 运行程序进行测试

鼠标在字母 F 上单击，字母 F 会显示放大效果，同时在屏幕上显示"字母 F"文字，而且有同步语音，实现初步认识字母的目的。其他情况类似。

图 5-39 为音频数组赋值

5.3.6 Swipe 事件处理

FingerGestures 插件的 Swipe 事件（滑动事件）的默认处理函数是 OnSwipe。此函数可用来处理在界面中滑动时所要执行的操作。检测到滑动事件时会先判断当前手指挥动的方向（上、下、左、右），再根据挥动的方向触发以下三个操作。

（1）播放该方向英文字母的旋转动画。

（2）播放当前滑动方向的音频文件。

（3）文字框内显示滑动方向的文字。

步骤 ➊ 添加 OnSwipe 函数

打开 AdvancedGestureScript.cs 脚本文件，添加 OnSwipe 函数来处理滑动时所要执行的操作。

```
1.  ……
2.      void OnSwipe (SwipeGesture gesture)
3.      {
4.          if (gesture.Direction == FingerGestures.SwipeDirection.Up) {
5.              anim_A.SetTrigger ("rotation");
6.              GetComponent<AudioSource> ().clip = clip [4];
7.              GetComponent<AudioSource> ().Play ();
8.              text = "A 在上面";
9.          }
10.         if(gesture.Direction==FingerGestures.SwipeDirection.Left){
11.             anim_B.SetTrigger ("rotation");
12.             GetComponent<AudioSource> ().clip = clip [5];
13.             GetComponent<AudioSource> ().Play ();
14.             text = "B 在左面";
15.         }
16.         if(gesture.Direction==FingerGestures.SwipeDirection.Right){
17.             anim_F.SetTrigger ("rotation");
18.             GetComponent<AudioSource> ().clip = clip [7];
19.             GetComponent<AudioSource> ().Play ();
20.             text = "F 在右面";
21.         }
22.         if(gesture.Direction == FingerGestures.SwipeDirection.Down){
23.             anim_D.SetTrigger ("rotation");
24.             GetComponent<AudioSource> ().clip = clip [6];
25.             GetComponent<AudioSource> ().Play ();
26.             text = "D 在下面";
27.         }
28.     }
29.  ……
```

【程序代码说明】

第 4～9 行：实现检测到往上滑动时程序所做动作。使用 gesture.Direction 获取当前滑动的方向，若滑动方向是往上（SwipeDirection.Up），则使用 SetTrigger 方法来触发 A 的旋转动画；接着将音频文件 Clip[4]赋值给 Audio Source 组件播放声音；并显示文字为"A 在上面"。

第 10～14 行：实现检测到往左滑动时，对字母 B 所做操作。

第 16~21 行：实现检测到往右滑动时，对字母 F 所做操作。

第 22~27 行：实现检测到往下滑动时，对字母 D 所做操作。

步骤 2 运行程序进行测试

鼠标在屏幕上从右往左滑动，显示字母 B 左右旋转效果，同时在屏幕上显示"B 在左面"文字，而且有同步语音，实现认识字母和方向的目的。其他情况类似。

5.3.7　Point Cloud 事件处理

为了实现能够学习字母书写的目的，通过自定义手势模板功能，先创建手势的模板图形，当游戏运行时，可以在屏幕上进行画一画，所绘制图形与手势模板进行比对，达到学习字母书写的目的。

本次任务将实现自定义手势模板功能，这个功能可以让使用者直接在屏幕中画出几何形状，通过触发装置，使得所对应的形状出现放大效果。通过本次任务，掌握手势模板的使用方法。

步骤 1 定义 GestureTemplate

为实现本次任务，需要先定义 GestureTemplate 的内容，使用者在屏幕中画出的形状将会和这一步骤所定义的 Template 进行比较，需要设置的 Template 包括 A、B、D 和 F。

（1）首先在 Assets 文件夹下新建一个文件夹，命名为 PointCloud Gesture Template，所有制作的 Template 可以全部放置在这个文件夹中，方便管理。

（2）在新建的文件夹内单击鼠标右键，选择 Create→PointCloud Gesture Template 命令，创建一个手势模板并命名为 A，如图 5-40 所示。

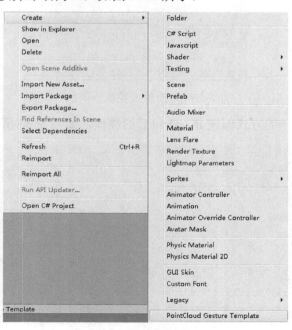

图 5-40　创建 A 手势模板

（3）选中刚刚创建好的 A 模板，可以看到 Inspector 面板内出现了 Edit 按钮，如图 5-41
所示。单击 Edit 按钮，会打开图形绘制窗口。

图 5-41　Edit 按钮

（4）直接在窗口内绘制一个 A，完成后单击 Apply 按钮保存设置，如图 5-42 所示。
注意在绘制手势模板内容时，因为软件要求一笔画成，所以在实际使用时会发现与正常笔
画是不统一的，为了能够正常操作，运行软件时，还得按照手势模板的绘制过程在屏幕上
画，才能比对成功，这也是软件的一个欠缺。

图 5-42　绘制 A 模板并保存

（5）接着按照同样的方式创建 B、D 和 F 的模板，如图 5-43 所示。

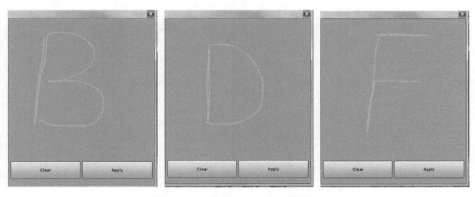

图 5-43　绘制 B、D、F 的模板

（6）完成模板的绘制后，选中 Gestures 对象，在 Inspector 面板中打开 Point Cloud Recognizer 组件，将 Gesture Template List 设为 4，代表当前有四个模板需要设置，接着将 Element0 到 Element3 分别拉入刚刚创建的四个模板，顺序不限，如图 5-44 所示。

图 5-44　将创建好的四个模板加入 Point Cloud Recognizer

步骤 2　添加 OnCustomGesture 函数

此函数的功能主要用于判断在界面中自行动手绘制图形时，若检测到画出的图形与事先设置的 Template 相似，则执行以下三个操作。

（1）播放该形状字母的缩放动画。

（2）播放当前对应形状字母的音频文件。

（3）文字框内显示对应字母的形状。

具体代码如下。

```
1.    ……
2.    void OnCustomGesture (PointCloudGesture gesture)
3.    {
4.        if (gesture.RecognizedTemplate.name == "A") {
5.            anim_A.SetTrigger ("scale");
6.            GetComponent<AudioSource> ().clip = clip [0];
7.            GetComponent<AudioSource> ().Play ();
8.            text = "字母 A";
9.        }
10.       if (gesture.RecognizedTemplate.name == "B") {
11.           anim_B.SetTrigger ("scale");
12.           GetComponent<AudioSource> ().clip = clip [1];
13.           GetComponent<AudioSource> ().Play ();
14.           text = "字母 B";
15.       }
```

```
16.          if (gesture.RecognizedTemplate.name == "D") {
17.              anim_D.SetTrigger ("scale");
18.              GetComponent<AudioSource> ().clip = clip [2];
19.              GetComponent<AudioSource> ().Play ();
20.              text = "字母 D";
21.          }
22.          if (gesture.RecognizedTemplate.name == "F") {
23.              anim_F.SetTrigger ("scale");
24.              GetComponent<AudioSource> ().clip = clip [3];
25.              GetComponent<AudioSource> ().Play ();
26.              text = "字母 F";
27.          }
28.      }
29. ……
```

【程序代码说明】

第 4~9 行：检测到 A 形状时，对字母 A 执行操作。使用 RecognizedTemplate.name 获取当前检测到的 Template 名称，如果是字母 A，启动字母 A 的缩放动画，并把 Clip[0] 的音频文件赋值给 AudioSource 来播放，并显示文字内容为"字母 A"。

第 10~15 行：检测到 B 形状时，对字母 B 执行操作。

第 16~21 行：检测到 D 形状时，对字母 D 执行操作。

第 22~27 行：检测到 F 形状时，对字母 F 执行操作。

步骤3 运行程序进行测试

鼠标在屏幕上画出字母 D 的形状，字母 D 放大显示效果，同时在屏幕上显示"字母 D"，而且有同步语音，实现字母基本书写的学习。其他情况类似。

至此就完成了英语启蒙教育小游戏最主要的一个场景的制作，保存场景，命名为"英语启蒙教育小游戏"，对项目进行保存。

5.4 多场景切换

游戏有两个场景，一个是封面场景，另一个是游戏本身的场景，本节将解决如何建立这两个场景间的联系。

任务要求

完成了英语启蒙教育小游戏的设计后，需要为软件制作一个简易封面，这需要通过创建一个新场景来完成。这时，项目中就会有两个场景，一个是封面场景，一个是游戏本身的场景，就需要建立场景之间的联系。封面场景效果如图 5-45 所示，游戏本身的场景效果如图 5-46 所示。

通过完成任务，可以掌握建立场景间联系的方法。

图 5-45 封面场景

图 5-46 游戏场景

（资源文件路径：Unity 3D/2D 移动开发实战教程\第 5 章\实例 1）

步骤① 创建起始场景

（1）选择菜单栏中的 File→New Scene 命令，建立一个新的场景，如图 5-47 所示。

图 5-47 新建场景

（2）接着选择 File→Save Scenes 命令，将场景命名为"封面动画"并保存。

（3）接下来在 Assets 文件夹中右击，选择 Create→C#Script 命令，创建一个程序文件并命名为 Button.cs，包含如下脚本。

```
1.  private void OnGUI()
2.      {
3.          GUI.skin.button.fontSize = 30;
4.          if (GUI.Button (new Rect (80, 200, 500, 50), "请滑向形状,
或点点看、画画形状"))
5.          {
6.              Application.LoadLevel("英语启蒙教育小游戏");
7.          }
8.      }
```

（4）编写好 Button.cs 脚本后，将此程序文件直接拖曳至 Main Camera 对象中，如图 5-48 所示。最后保存场景。

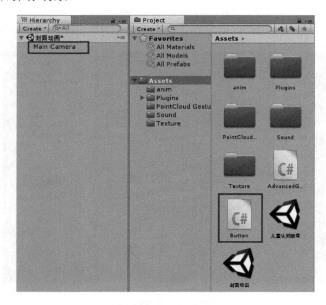

图 5-48　为 Main Camera 添加脚本组件

步骤 2　建立场景间的关联

（1）分别完成两个场景设计后，要想通过按钮功能从一个场景切换至另一个场景中，需要将这两个场景都要添加到 Scenes In Build 中。在菜单栏中选择 File→Build Settings 命令，如图 5-49 所示。

（2）将"封面动画"场景和"英语启蒙教育小游戏"场景依次拖曳至 Scenes In Build 中，如图 5-50 所示。注意，两个场景在 Build Settings 中的位置顺序不能错。最后关闭 Build Settings 设置。

图 5-49　选择 Build Settings 命令

图 5-50　将场景添加到 Scenes In Build 中

（3）最后运行软件进行测试，首先运行的是起始场景，单击起始场景中的按钮，会自动切换场景，进入游戏场景。

知 识 总 结

知识点一：FingerGestures 插件

FingerGestures 插件内创建了多种手势操作的对象和属性，包括按下事件、放开事件、双击事件、拖曳事件、上下左右滑动、长按事件；也支持不同的平台。双击 Plugins 文件夹里的 Samples，导入全部即可看到 FingerGestures 的范例场景，进行学习。在英语启蒙教育小游戏中使用了它的单击手势识别器（OnTap）、滑动手势识别器（OnSwipe）和自定义手势识别器（OnCustomGesture）。

FingerGestures 插件使用的一般步骤如下。

（1）导入 FingerGestures 插件，默认位置在 Plugins/FingerGestures 目录下。

（2）创建一个场景，将 FingerGestures 预制体拖进场景。

（3）创建一个空的 GameObject（也可以用现有的），将触控的脚本挂载到这个对象上面。

（4）在 GameObject 的 Inspector 面板中，单击 Add Component 按钮，然后依次在如图 5-51 所示的两个选项下找到 Tap Recognizer 和 Screen RayCaster，添加射线检测和检测事件。

（5）编写触控代码。

图 5-51　选项图示

知识点二：音乐与音效

游戏音频的播放在任何游戏中都占据非常重要的地位，音频的播放一般可以分为两种，一种为游戏音乐，另一种为游戏音效。前者适用于较长的音乐，如游戏背景音乐；后者适用于比较短的游戏音乐，如开枪、打怪时"砰砰"一瞬间播放的游戏音效。

1. 音乐

要添加背景音乐，需要用到 Audio Source 组件。

步骤① 在 Hierarchy 面板创建一个空的游戏对象并为其命名。

步骤② 单击选择创建的游戏对象，在菜单栏选择 Component→Audio→Audio Source

命令，如图 5-52 所示。即可添加音频组件，此组件可用来控制音频的播放。

图 5-52　添加 Audio Source 组件命令

步骤 3　导入所要添加的音乐文件。

步骤 4　将音乐文件拖曳至 AudioClip 中，即可完成背景音乐的添加。

2. 音效

添加音效，需要在脚本文件中进行设置。

步骤 1　在程序中声明声音数组。

步骤 2　声明声音数组之后，可以在 Inspector 面板中将各个音频文件赋值给数组，方便使用程序播放不同的音频文件，数组的大小可以通过设置 Size 的值来决定。

步骤 3　根据添加音频文件的顺序，在脚本中设置相对应的值，即可完成音效的添加。

🧩 **试一试**

根据本章所学知识，请完成一个儿童认知教育软件的设计，素材如图 5-53 所示。

图 5-53　素材图

要求：

（1）安排起始页以及三种学习场景，分别是认识图形、认识方向、动手画画看，并建立场景之间的关联。

（2）Scene1 为起始页，要求有三个按钮，分别为"请点一点""请划一划""动手画画看"。

（3）Scene2 为"认识图形"场景，通过单击四种水果中的任意一个，被单击的水果就会出现放大的动画。

（4）Scene3 为"认识方向"场景，通过划一划水果，水果就会左右摆动。

（5）Scene4 为"动手画画看"场景，通过在屏幕里面画出几何形状，屏幕上就会出现对应水果的文字信息。

（6）每一个场景都有返回按钮，用于回到起始页。

第二篇 模　型　篇

利用 Unity 开发实用项目，离不开三维模型。本篇主要介绍三维模型的设计与制作，包括以下两个方面的内容。

一是利用 Unity 自身进行资源的创建，主要包括创建光源、光源烘焙、创建地形、创建天空盒、创建粒子特效和创建三维几何模型。

二是利用 3D One 软件进行三维模型的设计与制作。通过制作塔模型，学习基本实体命令的使用方法；通过绘制房屋草图，学习草图绘制命令的使用方法；通过制作扳手，学习草图编辑命令的使用方法；通过制作多边形杯子，学习特征造型命令的使用方法；通过制作扭曲水杯，学习特殊功能命令的使用方法；通过制作汉诺塔，学习基本编辑命令的使用方法；通过制作带垫水杯，学习自动吸附功能的使用方法；通过制作镂空挂件，对所有命令进行了综合应用；最后学习如何将模型转换为 FBX 格式。

第6章 在 Unity 中创建资源

Unity 是一个让玩家轻松创建诸如三维视频游戏、建筑可视化、实时三维动画等互动类型的多平台的综合型游戏开发工具。游戏的质量很大程度上依赖于游戏模型、光影效果、游戏场景等资源。本章将介绍如何在 Unity 中创建光源、场景、地形、粒子和模型等资源。

6.1 创建光源

任务要求

本任务主要学习如何创建 Unity 提供的四种光源，这四种光源包括 Directional Light、Point Light、Spot Light 和 Area Light。掌握如何创建光源后，就可以为游戏场景搭建合适的光源，使得游戏场景看起来更加真实。由于 Area Light 只有在 Pro 版中才能使用，在此不进行说明。Directional Light（平行光）、Point Light（点光源）和 Spot Light（聚光灯）三种光源效果如图 6-1、图 6-2 和图 6-3 所示。

图 6-1　平行光

图 6-2　点光源

图 6-3 聚光灯

通过完成任务：

（1）认识 Unity 中的四种光源，了解不同光源的使用环境和特点。

（2）能够在 Unity 中为模型创建出三种光源效果。

（资源文件路径：Unity 3D/2D 移动开发实战教程\第 6 章\实例 1）

6.1.1　创建 Directional Light 平行光

Directional Light 平行光通常用来制作阳光效果，Unity 新建场景后会默认在场景中放置平行光来照亮整个场景。平行光的特点是不会衰减并且可以实时显示阴影。

新建一个 Unity 3D 项目，在 Unity 菜单栏中依次选择 GameObject→Light→Directional Light 命令，如图 6-4 所示。即可创建平行光，效果如图 6-5 所示。

图 6-4　选择光源类型

图 6-5　平行光

6.1.2　创建 Point Light 点光源

Point Light 点光源可以模拟一个小灯泡向四周发出光线的效果，点光源在其照亮范围内随距离增加而亮度衰减。

在 Unity 菜单栏中依次选择 GameObject→Light→Point Light 命令，即可创建点光源，效果如图 6-6 所示。

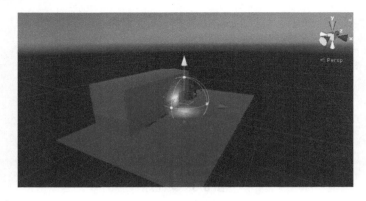

图 6-6　点光源

6.1.3　创建 Spot Light 聚光灯

Spot Light 聚光灯可以模拟一个点光源沿着一个圆锥体方向发出光线的效果。聚光灯在其照亮范围内随距离增加而亮度衰减，而且光线范围限制在圆锥体内。

在 Unity 菜单栏中依次选择 GameObject→Light→Spot Light 命令，即可创建聚光灯，效果如图 6-7 所示。

图 6-7　聚光灯

➤━━━●━━ 知 识 总 结 ━━●━━➤

 知识点一：四种光源的区别

1. 平行光

Directional Light（平行光）就像是在场景中放置一个太阳，光线会从一个方向照亮整个场景，在 Forward Rendering 模式下，只有平行光可以显示实时的阴影。

2. 点光源

Point Light（点光源）像室内的灯泡或蜡烛，从一个点向周围发射光线，光线逐渐衰弱。

3. 聚光灯

Spot Light（聚光灯）就像是舞台上的聚光灯或者手电筒，光线按某个方向照射，并有一定的范围限制。

4. 面积光

Area Light（面积光）可以模拟一个较大的发光表面对周围环境的照明效果，通常面积光的灯光亮度衰减很快，阴影非常柔和。面积光只在烘焙光照贴图时有效。

知识点二：设置光源参数

不同的光源主要区别在于照明的范围不同。Directional Light（平行光）、Point Light（点光源）、Spot Light（聚光灯）和 Area Light（面积光），这几种光源的参数都可以在 Inspector 面板进行设置，如图 6-8 所示。

图 6-8　设置光源参数

Light 各种属性说明如下。

● Type：用来选择灯光类型。

● Color：决定光的颜色。

● Mode：选择灯光照明模式，每种模式对应 Lighting 面板中一组设定。

● Intensity：决定光的强度。

● Indirect Multiplier：在计算该灯光所产生的间接光照时的强度倍乘。

● Shadow Type：决定是否使用阴影。

● Cookie：相当于在灯光上贴黑白图，用来模拟一些阴影效果，比如贴上网格图模拟窗户栅格效果。

● Cookie Size：用来设置 Cookie 贴图大小。

- Draw Halo：用来设置灯光是否显示辉光，不显示辉光的灯本身是看不见的。
- Flare：可以使用一张黑白贴图来模拟灯光在镜头中的"星状辉光"效果。
- Render Mode：用于选择渲染模式。
- Culling Mask：可以控制光线只影响场景中的部分模型。

🔶 试一试

根据本任务所学内容，为图 6-9 所示的 3D 模型分别创建 Directional Light（平行光）、Point Light（点光源）和 Spot Light（聚光灯）三种光源光照，练习各种光源参数的设置方法，查看参数改变后光影的变化（资源文件路径：Unity 3D/2D 移动开发实战教程\第 6 章\实例 1）。

图 6-9　素材模型

6.2　光源烘焙

任务要求

本任务首先为汽车模型添加 Spot Light 聚光灯，之后对光源效果进行烘焙，烘焙后为场景模型添加雾效。对光源进行烘焙以及开启雾效功能的效果如图 6-10 所示。

图 6-10　最终效果

通过完成任务：

- 熟练掌握为场景创建光源的操作。
- 掌握将光源效果渲染贴图再进行烘焙的方法。
- 学会为场景添加雾的效果。

（资源文件路径：Unity 3D/2D 移动开发实战教程\第 6 章\实例 2）

6.2.1　搭建场景

步骤①　搭建预设场景

（1）新建一个 Unity 3D 项目，创建一个场景，从素材文件夹中导入 3D 卡车模型，将其添加到 Hierarchy 面板中。

（2）从菜单栏中依次选择 GameObject→3D Object→Plane 命令，创建 4 个 Plane 对象。通过移动位置、调整大小、旋转等操作搭建图 6-11 所示的预设场景。

图 6-11　预设场景

步骤②　将模型设置为静态

选择场景中所有的模型，在 Inspector 面板右上方勾选 Static 复选框，这表示该模型是一个静态多边形模型（在游戏中不会运动的模型）。只有勾选该复选框的模型才能参与 Lightmapping 光照贴图计算，如图 6-12 所示。

图 6-12　设为静态模型

步骤③　创建 Spot Light 聚光灯

（1）创建一个 Spot Light 置于场景上方，向下照射并使用阴影，并且将其设置为静态模型，与**步骤②**类似。这里可以将场景中默认的 Direction Light 隐藏，能够更明显地查看

103

烘焙效果。

（2）选中新建的聚光灯对象，在 Inspector 面板的 Light 选项区域中将 Mode 选项设置为 Baked，如图 6-13 所示。

图 6-13　设置光源

6.2.2　烘焙

步骤 1 设置烘焙参数

在 Assets 面板中选择卡车 3D 模型文件，在右侧 Inspector 面板的 Model 属性栏下勾选 Generate Lightmap UVs 复选框，如图 6-14 所示。如果不勾选此复选框，烘焙出的阴影会有明显的噪波。

图 6-14　勾选 Generate Lightmap UVs 复选框

步骤 2 设置烘焙出的阴影效果

（1）在菜单栏上依次选择 Window→Lighting→Setting 命令，将弹出 Lighting 面板。

（2）在 Lighting 面板中，将 Lighting Mode 设置为 Shadowmask，如图 6-15 所示。此模式烘焙后的阴影质量较好。

图 6-15　设置 Lighting Mode 模式

步骤 3 开始烘焙计算

（1）在 Lighting 面板的最下面，单击 Generate Lighting 按钮开始烘焙计算，下方菜单栏中 Unity 图标上绿色的面积则表示烘焙的进度，如图 6-16 所示。

图 6-16　烘焙

（2）烘焙完成后，如果将创建的 Spotlight 关闭，依然可以看到光照效果。

6.2.3　添加雾效功能

步骤 1 开启雾效

（1）在菜单栏上依次选择 Window→Lighting→Setting 命令，将弹出 Lighting 面板。

（2）打开 Lighting 面板后，在 Scene 选项下的 Other Setting 选项区域中勾选 Fog 复选框，开启雾效功能，如图 6-17 所示。

图 6-17　开启雾效

步骤 2　设置雾效

通过设置 Fog Color 选择的值改变雾的颜色，设置 Fog Density 选项的值改变雾的强度，效果如图 6-18 所示。

图 6-18　设置雾效

 知 识 总 结

　知识点一：烘焙

环境光是 Unity 提供的一种特殊光源，它没有范围和方向的概念，会整体改变场景亮度。当游戏中包含很多对象时，实时的光源和阴影对游戏性能上会造成很大的影响，这时更适合使用 Lightmapping 光照贴图技术。该技术是一种增强静态场景光照效果的技术，其优点是可以通过较少的性能消耗使静态场景看上去更加真实、丰富，更加具有立体感；缺点是不能用来实时地处理动态光照。使用这种方式不用担心光源数量和阴影对性能带来的开销，即使使用低版本的 Unity，也可以通过该方式获得高质量的光影效果。

知识点二：中断烘焙

在烘焙过程中，编辑器右下角会出现一个烘焙计算进度条，如果想中途放弃，按 Esc 键即可。所有光影贴图都会自动存放在当前场景的存放路径中，在 Lighting 面板中选择 Clear 命令，即可清除贴图。

知识点三：烘焙技术只适用于静态对象

烘焙技术可以让处于静态的对象获得无与伦比的光影效果，但它无法影响场景中的一些动态模型或者会让动态对象显得非常不真实，与场景中的光影无法融合在一起。

试一试

根据本任务所学内容为图 6-19 所示模型素材搭建场景，然后设置适合的光照并进行烘焙，最后为场景模型添加雾效。

图 6-19 素材模型

6.3 创建地形

任务要求

本任务是利用 Unity 中提供的一个地形系统 Terrain，来表现庞大的室外地形，该系统特别适合表现自然环境。在本任务中，首先需要导入 Terrain，之后在 Terrain 上进行贴图绘制，最后添加树模型以及一些细节模型（如草模型、石头模型）。完成后地形的最终效果如图 6-20 所示。

图 6-20　最终效果

通过完成任务：

● 了解地形系统 Terrain 在 Unity 中的作用。

● 能够使用 Raise 工具绘制出需要的 Terrain 地形。

● 学会为绘制好的 Terrain 地形进行贴图以及添加模型。

（资源文件路径：Unity 3D/2D 移动开发实战教程\第 6 章\实例 3）

6.3.1　创建 Terrain

步骤 1 导入 Terrain 资源

（1）新建一个 Unity 3D 项目，在 Project 面板中单击鼠标右键，选择 Import Package 中的 Environment 命令，准备导入 Terrain 资源，也可以从素材文件夹中导入资源。

（2）选择所有的 Terrain 模型、贴图素材并导入，接下来我们将使用 Unity 提供的这些素材完成一个地形效果。

步骤 2 创建一个 Terrain

（1）从菜单栏中依次选择 GameObject→3D Object→terrain 命令，创建一个基本的 Terrain。

（2）在 Inspector 面板中，单击 Terrain 选项区域中的设置按钮，如图 6-21 所示。

图 6-21　单击设置按钮

（3）默认的 Terrain 非常大，这里将 Terrain Width 和 Terrain Length 的值设为 500，缩小 Terrain 尺寸，将 Heightmap Resolution 的值设为 257，降低其精度，如图 6-22 所示。

图 6-22　设置 Terrain 参数

6.3.2　绘制 Terrain

步骤 1　利用 Raise 绘制 Terrain 表面

（1）在 Inspector 面板中，选择 Terrain 选项区域中的 Raise 工具。通过设置 Brush Size 的值，来改变笔刷大小；通过设置 Opacity 的值，来改变笔刷力度，如图 6-23 所示。

图 6-23　设置 Raise 工具属性

（2）然后在 Terrain 上绘制拉起表面，若同时按住 Shift 键则会将表面压下，如图 6-24 所示。

图 6-24　绘制地形

（3）使用 Paint Height 工具可以直接绘制指定高度，使用 Smooth Height 工具可以光滑 Terrain 表面，这些工具都直接可以观察到效果。

步骤 2 为 Terrain 添加贴图

（1）在 Inspector 面板中，选择 Terrain 选项区域中的 Paint Texture 工具。

（2）选择 Edit Textures 中的 Add Texture 命令，打开编辑面板，为 Terrain 添加贴图，注意通过 Tile Size 设置贴图的尺寸。这个操作可以反复执行添加多张贴图，最后在 Textures 中选择需要的贴图，将贴图绘制到 Terrain 上面。并且可以在不同的区域绘制不同的贴图，如图 6-25 所示。

图 6-25　绘制贴图

6.3.3　添加树、草模型

步骤 1 为 Terrain 表面添加树模型

（1）在 Inspector 面板中，选择 Terrain 选项区域中的 Place Trees 工具。

（2）选择 Edit Trees 中的 Add Tree 命令，添加树模型，这个操作可以执行多次，加入多个模型。然后选择需要的模型，将其绘制到 Terrain 上面，如图 6-26 所示。

图 6-26　添加树模型

（3）最终绘制的树效果如图 6-27 所示。绘制的树越多越耗资源，请适当绘制。

图 6-27　绘制树的效果图

步骤 2　为 Terrain 表面添加草模型

（1）在 Inspector 面板中，选择 Terrain 选项区域中的 Paint Details 工具。

（2）然后选择 Edit Details 下的 Add Grass Texture 命令，添加草贴图（贴图一定要有 Alpha）。再选择 Add Detail Mesh 命令，添加细节模型（如石头等），这个操作可以反复执行多次，最后在 Detail 中选择需要的草贴图或细节模型，将其绘制到 Terrain 上面，如图 6-28 所示。

图 6-28　绘制草

（3）最终绘制的草效果如图 6-29 所示。需要离近后才能看到草，注意不要绘制太多草，会占用资源。

图 6-29　绘制草的效果图

步骤 3 添加光源

（1）Terrain 同普通模型一样，可以添加光源来模拟光影效果，为场景添加 Directional Light。

（2）将 Directional Light 的 Shadow Type 设置为 Hard Shadows 类型，这样地形会看上去更加生动，最终效果图如图 6-30 所示。

图 6-30　添加光源

— 知 识 总 结 —

 知识点一：地形 Terrain

Unity 中的地形 Terrain 是在一开始自动创建一个 Mesh plane 多边形平面之后，指定一张 16bit 的灰阶图作为 height map（高差图），并根据 Mesh 各个顶点所对应的灰度数值沿着 Y 轴改变该顶点的高度，最后形成高低起伏的复杂地形。

创建的 Terrain 默认会非常大，需要缩小其尺寸，降低其精度。绘制地形时选择 Raise 工具，可以改变笔刷大小和笔刷力度，然后在 Terrain 上绘制拉起表面。使用 Smooth Height 工具光滑 Terrain 地形的表面。

 知识点二：Terrain 中参数设置

在 Terrain 地形参数设置面板中，一些比较常见的参数介绍如下。

- Base Terrain：基本地形设置。
- Draw：用于设置是否显示该地形。
- Pixel Error：用于设置贴图和地形之间的准确度，值越高越不准，但系统负担越小。
- Pixel Map Dist.：用于设置在多少距离以外地形贴图将自动转为较低分辨率，以提高效率。
- Cast Shadow：用于设置是否投射阴影。
- Material：用于设置地形使用的材质类型。
- Tree & Detail Objects：用于设置树和细节物体。

- Grass Tint：用于对草物体统一添加一个颜色，通常会设置为与地面颜色接近的颜色。
- Resolution：用于设置地形分辨率。
- Terrain Width：用于设置地形最大宽度。
- Terrain Length：用于设置地形最大长度。
- Terrain Height：用于设置地形最大高度，这个值决定了我们能够刷出的最高的地形高度。

试一试

根据本任务所学内容，利用笔刷绘制出山地的地形，之后对地形进行贴图以及一些细节上的修饰，创建一个雪山地形。

6.4　创建天空盒

任务要求

Skybox 是 Unity 中用来表现天空效果的。本任务将创建一个材质球，类型设置为 Skybox，并为 Skybox 选择六张对应的贴图，为 6.3 节中创建的地形添加天空，使得地形看起来更加逼真。为地形添加天空后的最终效果如图 6-31 所示。

图 6-31　最终效果

通过完成任务：
- 了解 Unity 中 Skybox 天空盒的应用。
- 能够为 Terrain 地形添加天空效果。

（资源文件路径：Unity 3D/2D 移动开发实战教程\第 6 章\实例 4）

6.4.1　创建 Skybox

步骤 1 导入素材

继续上一节中 Terrain 的项目，在项目的电脑本地 Assets 文件夹中添加 sunny2 的素材文件夹，添加后 Skybox 素材将会自动导入 Unity 的 Project 面板。

步骤 2 创建 Skybox

（1）在 Project 面板中单击鼠标右键，依次选择 Create→Material 命令，创建一个材质球。

（2）在 Inspector 面板中选择 Shader→Skybox→6 Sided 类型，如图 6-32 所示。

图 6-32　创建 Skybox

6.4.2　为 Skybox 添加贴图

步骤 1 指定贴图

从 Unity 提供的 Skybox 素材中选择 6 张 Skybox 贴图，分别指定到 Skybox 材质的 Front（前）、Back（后）、Left（左）、Right（右）、Up（上）和 Down（下），如图 6-33 所示。

图 6-33　指定贴图

步骤 ② 应用创建好的 Skybox

（1）在场景中选择 Main Camera 摄像机，在菜单栏中执行 Component→Rendering→Skybox 命令，为其添加 Skybox 组件。

（2）选中 Main Camera，在 Inspector 面板中将 Clear Flags 设为 Skybox。

（3）将前面制作的 Skybox 材质球从 Project 面板中拖曳到 Custom Skybox 栏中，为 Custom Skybox 赋值，如图 6-34 所示。

图 6-34　指定 Skybox 材质

步骤 ③ 调整视角

在 Game 面板中预览效果，调整相应视角，就能看到制作的天空效果，如图 6-35 所示。

图 6-35　天空效果

➤━━━ 知 识 总 结 ━━━◆

天空盒是一个全景视图，分为六个纹理，表示沿主轴（上、下、左、右、前、后）可见的六个方向的视图。如果天空盒被正确地生成，纹理图像会在边缘无缝地拼接在一起，可以在内部的任何方向看到周围连续的图像。全景图片会被渲染在场景中的所有其他物体后面，并旋转以匹配相机的当前方向（它不会随着相机的位置而变化，而照相机的位置总是位于全景图的中心）。因此，天空盒子是在图形硬件上以最小负载向场景添加现实性的简单方式。

试一试

> 根据本节所学内容，为 6.3 节任务中的地形添加天空效果，天空盒素材使用与本任务中相同的即可。

6.5　创建粒子特效

任务要求

本任务将使用粒子特效完成一个气泡效果。通过设置粒子发射器的粒子存活时间、粒子运动速度、粒子材质等参数完成一个逼真的气泡效果，最后气泡会慢慢升起，逐渐消失。气泡的最终效果如图 6-36 所示。

图 6-36　最终效果

通过完成任务：

● 了解粒子发射器中常用的功能模块，例如粒子存活时间、粒子运动速度、粒子大小等。

● 学会在 Unity 中选择与模型效果相对应的材质球。

（资源文件路径：Unity 3D/2D 移动开发实战教程\第 6 章\实例 5）

6.5.1　创建粒子发射器

步骤① 导入粒子素材

新建一个 Unity 3D 项目，在 Project 面板的 Assets 文件中，添加 Standard Assets 素材文件夹。

步骤 2 查看粒子发射器中被激活的功能模块

（1）在菜单栏依次选择 GameObject→Particles System 命令，创建粒子发射器，如图 6-37 所示。

图 6-37　创建粒子发射器

（2）在 Inspector 面板中可以看到一个粒子发射器包括很多模块，不同的模块具有不同的功能，默认只有少量的模块是被激活的，如图 6-38 所示。

图 6-38　粒子发射器的各个模块

步骤 3 对粒子发射参数进行设置

在 Particle System 选项区域中设置 Start Lifetime 为 30，以增加粒子存活时间；设置

Start Speed 为 3，降低粒子运动速度；设置 Start Size 为 6，增加粒子的大小；设置 Max Particles 为 100，减少粒子的最大数量，效果如图 6-39 所示。

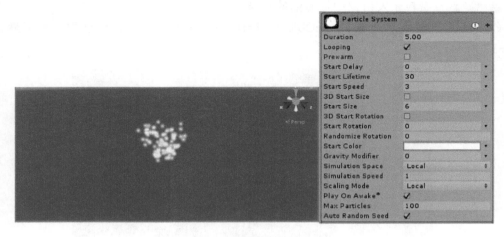

图 6-39 设置粒子初始值

6.5.2 选择材质球

步骤① 打开 Render 模块

在 Project 面板选中粒子发射器，在 Inspector 面板中可以看到 Renderer 模块的 Material 属性，单击该属性右侧的小圆圈按钮，如图 6-40 所示。这时会打开 Select Material 窗口。

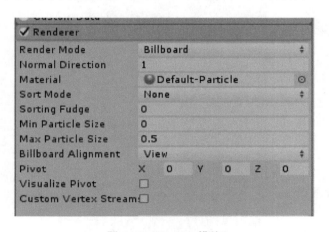

图 6-40 Render 模块

步骤② 设置材质

在 Select Material 窗口中选择 Soap Bubble 材质并双击，可以为粒子发射器添加材质，如图 6-41 所示。

图 6-41　设置材质

6.5.3　设置粒子运动效果

步骤 1　设置粒子发射频率和发射数量

在 Project 面板中选中粒子发射器,在 Inspector 面板中展开 Emission 模块。将 Rate Over Time 设为 1,降低发射频率,如图 6-42 所示。Rate Over Time 是随单位时间生成粒子的数量;Rate Over Distance 是随着移动距离产生的粒子数量,只有当粒子系统移动时才发射粒子。

图 6-42　降低发射频率

步骤 2　改变粒子发射器形状

在 Project 面板中选中粒子发射器,在 Inspector 面板中激活并展开 Shape 模块。将 Shape 设为 Box,改变粒子发射器形状,如图 6-43 所示。

图 6-43　改变粒子发射器形状

步骤3 设置粒子随机加速

在 Project 面板中选中粒子发射器，在 Inspector 面板中激活并展开 Force Over Lifetime 模块。选择右边的下三角按钮，在弹出的列表中选择 Random Between Two Constants 选项，然后将 Y 设为 0.5 和 1，并勾选 Randomize 复选框，使粒子的运动呈现一个随机的加速过程，如图 6-44 所示。

图 6-44　设置粒子随机加速

步骤4 设置粒子大小变化

在 Project 面板中选中粒子发射器，在 Inspector 面板中激活并展开 Size by Speed 模块。单击 Size 右边的下三角按钮，在弹出的列表中选择 Random Between Two Constants 选项，然后将 Size 设为 0.3 和 2，现在粒子的大小将随着运动速度的变化而变化，如图 6-45 所示。

图 6-45　设置粒子大小随机变化

步骤5 设置粒子透明度

在 Project 面板中选中粒子发射器，在 Inspector 面板中激活并展开 Color Over Lifetime 模块。双击色板打开 Gradient Editor 窗口，在这个窗口中有一个色板，色板从左至右表示粒子的生命历程。色板上面的方块用于控制粒子透明度变化，下面的方块用于控制颜色变化。将色板上面两边的两个方块的 Alpha 设为 0，然后在中间单击再加两个方块，将 Alpha 设为 255，如图 6-46 所示。现在粒子会半透明状态慢慢出现，最后逐渐消失。

图 6-46　设置粒子透明度变化

✦·——— 知识总结 ———·✦

一个粒子发射器包括很多模块，不同的模块具有不同的功能，默认只有少量的模块是被激活的。下面将介绍 Particle System 主面板中一些常用模块及其功能。

- Duration：用于设置粒子的发射周期，如果没有勾选 Looping 复选框的话，发射周期结束后粒子会停止发射。
- Looping：用于设置粒子按照周期循环发射。
- Prewarm：预热系统，如果想在最开始的时候让粒子充满空间，就应该勾选 Prewarm 复选框。
- StartDelay：用于设置粒子延时发射，勾选后，延长一段时间才开始发射。
- StartLifeTime：用于设置粒子从发射到消失的时间长短。
- StartSpeed：用于设置粒子初始发射时候的速度。
- 3DStartSize：粒子在某一个方向上扩大的时候使用。
- StartSize：用于设置粒子初始的大小。
- 3DStartRotation：需要在一个方向旋转的时候可以使用。
- StartRotation：用于设置粒子初始旋转。
- RandomizeRotation：用于设置随机旋转粒子方向。
- StartColor：用于设置粒子初始颜色，可以调整加上渐变色。
- GravityModifier：重力修正。
- SimulationSpace：选择 Local 时，粒子会跟随父级物体移动；选择 World 时，粒子不会跟随父级移动；选择 Custom 时，粒子会跟着指定的物体移动。
- SimulationSpeed：根据 Update 模拟的速度。
- MaxParticles：用于设置粒子系统可以同时存在的最大粒子数量。如果粒子数量超过最大值，粒子系统会销毁一部分粒子。
- AutonRandomSeed：随机种子，如果勾选该复选框，会生成完全不重复的粒子效果。

🧊 试一试

Unity 中粒子功能非常强大，可以用来表现游戏中的魔法、云、烟火或者其他的特殊效果。根据本任务中所学内容，对粒子发射器功能模块的参数进行设置，选择相应的材质后创建出烟花效果。

6.6 创建三维几何模型

在利用 Unity 进行项目实际开发时，使用的模型常常是从外部导入的，为了方便开发者创建简单的模型，Unity 提供了创建六面体、圆柱体、球体和椭球体等简单三维几何模型的功能。从菜单栏依次选择 GameObject→3D Object→Cube 命令，可以创建六面体，效果如图 6-47 所示。圆柱体、球体、椭球体的创建方法类似，效果分别如图 6-48、图 6-49、图 6-50 所示。

图 6-47　创建六面体模型

图 6-48　创建圆柱体模型

图 6-49　创建球体模型

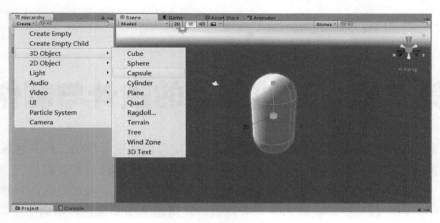

图 6-50　创建椭球体模型

在利用 Unity 创建简单的几何模型时，都可以在 Inspector 面板中对其进行设置，如修改参数或加减组件等，如图 6-51 所示。

图 6-51　Capsule 模型的 Inspector 面板

第7章 三维模型的设计与制作

通过前面章节内容的学习，我们知道在 Unity 中可以创建简单的三维几何模型，但是对于开发的实际项目来说，Unity 的建模功能是不能满足实际设计需要的，它创建出的模型比较单一。众所周知的建模软件如 3ds Max、Maya 等，由于太过专业，导致操作复杂且不易上手，对于没有美术基础的学习者来说，使用起来困难重重，阻碍了学习的热情。基于此，我们选择 3D One 作为学习的建模软件。3D One 界面简洁、功能齐全、操作简单，以易于上手为目标进行设计，并且还提供了丰富的绘图案例资源，使得三维模型的设计与制作变得轻松。这一章我们将通过实例建模的方式学习 3D One 模型的设计与制作方法。

3D One 软件的下载和安装非常方便，只需打开http://www.i3done.com/网页进行安装程序下载，然后对安装程序双击，按照步骤逐步进行安装即可。3D One 软件分为试用版和教育版两个版本，若不想进行 3D One 产品的购买，使用试用版就可以。

7.1 基本实体：塔

任务要求

本任务通过创建塔的实体模型，对"六面体""球体""圆柱体""圆环体""圆锥体"和"椭球体"命令进行综合应用。创建塔模型的最终效果如图 7-1 所示。

图 7-1 塔模型

通过完成任务：

● 掌握 3D One 中基本实体绘制工具的应用。

● 能够对基本实体进行综合运用，创建出其他模型。

● 了解布尔运算在 3D One 中的作用。

（资源文件路径：Unity 3D/2D 移动开发实战教程\第 7 章\实例 1）

7.1.1　创建塔基

步骤 1　绘制六面体

（1）打开 3D One 软件，首先制作塔基，在左侧菜单栏中选择"基本实体"→"六面体"命令，如图 7-2 所示。

图 7-2　选择"六面体"命令

（2）在打开的参数设置面板中，"点"的位置可以在网格面上任意进行选择，"对齐平面"不用进行设置，在网格面上绘制一个"长""宽""高"分别为 60、60 和 5 的六面体，然后单击"确定"按钮，如图 7-3 所示。

图 7-3　创建塔基

步骤 2 修改六面体参数

对于六面体长、宽和高数据的修改，只需把光标放到相应数据处，数据变为橙黄色时单击鼠标左键，就会出现数值框，在数值框中输入更改的数据后按回车键即可。

7.1.2　创建塔体

步骤 1 选择"圆锥体"命令

要创建塔体圆锥体，则首先在左侧菜单栏中选择"基本实体"→"圆锥体"命令，"中心点 C"选择六面体上表面的中心位置，"对齐平面"不用进行设置，"布尔运算"选择加运算，如图 7-4 所示。

图 7-4　选择加运算

步骤 2 绘制圆锥体

绘制一个"顶部半径"为 8、"底部半径"为 20 和"高度"为 300 的圆锥体，单击"确定"按钮，效果如图 7-5 所示。

图 7-5　绘制圆锥体

7.1.3　创建塔顶

步骤 1 创建塔顶圆球体

（1）在左侧菜单栏中选择"基本实体"→"圆球体"命令，"中心点 C"选择圆锥体上表面的中心位置绘制一个圆球，如图 7-6 所示。

图 7-6　创建圆球体

（2）将球体半径值设为 30，"布尔运算"选择加运算，单击"确定"按钮，如图 7-7 所示。

图 7-7　选择加运算

步骤 2　创建塔顶圆环体

在左侧菜单栏中选择"基本实体"→"圆环体"命令，将圆锥体与球体相交的边界中心作为放置点，"对齐平面"不用进行设置，"圆环半径"值设为 18，单击"确定"按钮，创建的圆环体效果如图 7-8 所示。

图 7-8　创建圆环体

步骤 3 创建塔顶大圆柱体

在左侧菜单栏中选择"基本实体"→"圆柱体"命令，将塔顶球体的最高点作为圆柱的放置点，"布尔运算"选择加运算，"对齐平面"选择塔基六面体上表面，"半径"设置为 20，"高"设置为 40，修改放置点坐标，最后一位值是 305，如图 7-9 所示。单击"确定"按钮，创建的大圆柱体效果如图 7-10 所示。

图 7-9　设置坐标点

图 7-10　制作大圆柱体

步骤 4 创建塔顶小圆柱体

在左侧菜单栏中选择"基本实体"→"圆柱体"命令，再次绘制圆柱体，"中心点 C"选择塔顶大圆柱体上表面中心放置，"布尔运算"选择加运算，"半径"值设置为 15，"高"设为 20，单击"确定"按钮，效果如图 7-11 所示。

图 7-11　创建小圆柱体

步骤 5 创建塔尖椭球体

在左侧菜单栏中选择"基本实体"→"椭球体"命令，以塔顶小圆柱体中心作为放置点，选择布尔加运算，椭球体"长""宽"都设置为 15，"高度"设为 200，单击"确定"按钮，效果如图 7-12 所示。

步骤 6 保存塔模型

单击界面左上角的 3D One 图标，选择"另存为"选项，在打开的对话框中设置文件名为"塔"，可以选择保存路径，保存类型默认为 Z1 File 格式，单击"保存"按钮，如图 7-13 所示。此时一个塔的模型就已经完成了。

图 7-12　创建塔顶椭球体

图 7-13　保存塔模型

━━━◆━━ 知 识 总 结 ━━◆━━━

知识点一：基本实体工具

基本实体绘图工具包含了六面体、球体、圆柱体、圆锥体、圆环体和椭球体 6 种，选择方式均为在左侧"基本实体"子菜单中选择相应的基体图标。每个"基本实体"均有相应的参数，通过修改参数值，可改变基体的大小。这些基体均可以在网格面上绘制，也可在造型平面上绘制。

1. 六面体

六面体的参数为长、宽和高。

2. 圆锥体▲

圆锥体的参数为底圆中心、底圆半径、锥高和顶圆半径。通过该命令可以定义一个圆锥体或圆台。

3. 球体●

球体的参数是半径和中心。

4. 圆柱体

圆柱体的参数是中心、半径和高度。

5. 椭球体

椭球体的参数是球体中心、长轴长度、短轴长度和高度。

6. 圆环体

圆环体的参数是圆环半径和圆环宽度。

知识点二：组合编辑工具

组合编辑工具可以实现对基体做布尔运算，布尔运算的形式有加运算、减运算和交运算。选择方式为单击"组合编辑"的图标，在弹出的图 7-14 所示的对话框中进行选择即可。

图 7-14　组合编辑对话框

制作一个球体和一个正方体，设基体为球体，合并体为正方体，未进行任何布尔运算的效果如图 7-15 所示。

1. 布尔加运算

布尔加运算是将基体和合并体融合成为一个基体，即得到基体与合并体的并集。对图 7-15 进行布尔加运算后的效果如图 7-16 所示。当要移动球体和正方体时，选中球体，则正方体也被选中，即球和正方体融合为一个实体，移动任意一个模型，另一个模型会随之移动。

图 7-15　布尔运算前效果

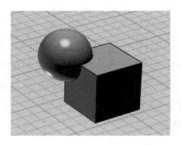

图 7-16　布尔加运算效果

2. 布尔减运算

布尔减运算可将基体与合并体相交的部分从基体上切除下来，最后得到基体与合并体不相交的部分。对图 7-15 进行布尔减运算的效果如图 7-17 所示。

3. 布尔交运算

布尔交运算可以将基体和合并体相交的部分保留下来，而删除基体和合并体不相交的部分。对图 7-15 进行布尔交运算的效果如图 7-18 所示。

图 7-17　布尔减运算效果

图 7-18　布尔交运算效果

知识点三：视图导航

界面左下角视图导航如图 7-19 所示。视图导航有 26 个不同的面，单击任意一个面，即可以该面视图模式显示模型。

图 7-19　视图导航

试一试

根据本任务所学内容，利用六面体、球体、圆柱体、圆锥体和椭球体等基体，创建出游乐场大门的模型，效果如图 7-20 所示。

图 7-20　游乐场大门

提示：

（1）创建基本实体对象时，需要选择多个视图进行查看。

（2）游乐场大门上方最中间有一个拱形实体，这个实体是对长方体和球体做布尔减运算得到的，再通过动态移动的方式移到对应的位置上。

（3）此模型是一个对称的模型，所以也可以通过"镜像"命令快速完成作品。

7.2 草图绘制：房屋

任务要求

本任务通过绘制房屋草图，对"矩形""圆形""椭圆形""多边形""直线"和"圆弧"等多个命令的应用进行介绍。要绘制草图房屋，首先需要创建房子的整体轮廓，之后再添加对房子的修饰，例如门窗、天窗、烟囱，最后要修剪草图中多余的曲线，使得房子看起来更加真实美观。绘制房屋草图的最终效果如图 7-21 所示。

图 7-21　房屋草图

通过完成任务：

● 掌握 3D One 中草图绘制工具的应用。

● 学会使用"单击修剪"命令对多余曲线进行修剪。

● 能够对草图绘制工具进行综合运用，绘制出其他草图。

（资源文件路径：Unity 3D/2D 移动开发实战教程\第 7 章\实例 2）

7.2.1 绘制房屋草图轮廓

步骤 ① 绘制矩形

为了方便绘制，我们选择上视图作为绘制平面。单击上视图，选择左侧菜单栏的"草图绘制"→"矩形"命令，光标会变成一个小圆点，通过单击确定点 1 和点 2，绘制一个"长度"为100、"宽度"为75的矩形,最后单击"确定"按钮,效果如图7-22所示。

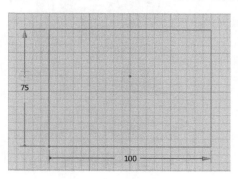

图 7-22 矩形绘制

步骤 2 绘制直线

选择左侧菜单栏的"草图绘制"→"直线"命令,"点 1"选择矩形的左上角点,向左绘制一条长度为15的水平直线。

继续选择"直线"命令,"点 2"选择矩形的右上角点,向右绘制一条长度为15的水平直线,如图7-23所示。

步骤 3 绘制圆弧

选择左侧菜单栏的"草图绘制"→"圆弧"命令,圆弧的两点分别对应的是两条直线的端点,向上"半径"设置为 66,单击"确定"按钮,绘制后的图形效果如图 7-24 所示。

图 7-23 直线绘制

图 7-24 圆弧绘制

7.2.2 绘制门窗和烟囱

步骤 1 绘制窗户

选择左侧菜单栏的"草图绘制"→"正多边形"命令,在矩形左上区域绘制一个正四边形作为辅助线,将"外半径"设置为8,如图7-25所示。

图 7-25　绘制辅助线

连续绘制 4 个正四边形，放置点为辅助线的四个角点，"半径"设置为 7，效果如图 7-26 所示。

选择左侧菜单栏的"草图编辑"→"单击修剪"命令，删除辅助线，删除后的图形如图 7-27 所示。

图 7-26　窗户绘制

图 7-27　删除辅助线

步骤 2　绘制门

选择左侧菜单栏的"草图绘制"→"矩形"命令，"点 1"或者"点 2"要选择在原矩形右下角的边上，绘制一个"宽"为 26、"长"为 47 的矩形，单击"确定"按钮，绘制后图形如图 7-28 所示。

步骤 3　绘制天窗

选择左侧菜单栏的"草图绘制"→"圆形"命令，在原矩形中点偏上方处绘制一个"半径"为 13 的圆，单击"确定"按钮，绘制后图形如图 7-29 所示。

步骤 4　绘制烟囱

选择左侧菜单栏的"草图绘制"→"直线"命令，绘制三条直线，在左上角位置绘制烟囱。第一条直线"点 1"的位置选择圆弧左上角，绘制的长度自行调整；第二条直线的"点 1"选择第一条直线右侧，绘制的长度与第一条直线长度对齐；第三条直线将前两条直线顶端相连。直线的长度和位置都可以自行调整，绘制后的图形如图 7-30 所示。

图 7-28　绘制矩形

图 7-29　绘制圆形

步骤⑤ 绘制飘烟

选择左侧菜单栏的"草图绘制"→"椭圆形"命令,"点 1""点 2"的位置要选择烟囱的右上方,具体位置和大小可以自行调整,但是注意椭圆在绘制时要逐渐变大,如图 7-31 所示。

图 7-30　绘制烟囱

图 7-31　绘制飘烟

7.2.3　修剪草图中多余曲线

要修剪多余的线段,首先需要选择左侧菜单栏的"草图编辑"→"单击修剪"命令,当光标放在曲线上时,曲线会变成黄色,单击需要修剪曲线,修剪后的图形如图 7-32 所示。最后单击草图上方的 ✅ 按钮,完成草图绘制。

图 7-32　修剪曲线

✦━ 知 识 总 结 ━✦

绘制草图工具✐包含了"矩形""圆形""椭圆""正多边形""直线""圆弧""多段线""通过点绘制曲线""预制文字"和"参考几何体"10 种草图命令，选择方式均为在左侧"绘制草图"的子菜单中选择相应命令图标。每个草图命令均有相应的参数，通过修改参数值，可改变大小。这些绘制草图命令不仅可以在网格面上绘制，也可在造型平面上绘制。

1. 矩形 ▭

通过两个对角点的设定绘制一个指定长、宽的矩形。

2. 直线 ╲

通过直线两端点的设定绘制直线。

3. 圆弧 ⌒

通过圆弧的两个端点、半径的设定绘制圆弧。

4. 圆形 ⊙

通过圆心和半径设定绘制一个指定半径的圆形。

5. 椭圆 ⬭

通过中心点、旋转角度、长轴、短轴的设定绘制一个指定长轴、短轴的椭圆形。

6. 正多边形 ⬡

通过正多边形的中心、外接圆半径、边数和起始角度这 4 个参数绘制一个指定外接圆半径、边数的正多边形。

7. 多段线 ⬠

多段线是端与端相连的多条线段，该命令通过鼠标左键在网格上连续点选进行绘制。

8. 通过点绘制曲线 ∿

通过定义一系列曲线将要通过的点，创建曲线。

9. 预制文字 Ⓐ

该命令是在网格面上或其他已有的面上设置文字，可通过原点参数设置文字的位置，文字参数设置要显示的文字内容，还可以进行字体、样式和文字大小的修改。预制文字参数设置如图 7-33 所示。

图 7-33　预制文字参数

试一试

　　根据本任务所学内容，利用草图绘制工具绘制一个书签图案，可以是小熊、飞机等，例如小螃蟹书签，如图 7-34 所示。

图 7-34　螃蟹书签

提示：

（1）利用草图绘制功能绘制出自己喜欢的图形。

（2）确认绘制出的书签是一个密闭图形。

（3）将绘制好的密闭图形进行拉伸。

7.3　草图编辑：扳手

任务要求

　　本任务通过对"链状圆角""链状倒角""修剪/延伸曲线"和"拉伸"等命令进行综合应用，创建扳手模型。创建扳手模型时，首先要利用草图编辑菜单中的工具绘制出扳手的草图，之后对草图进行修改，删除多余的曲线，最后将草图扳手拉伸，模型会立体化，变得更加真实。扳手的最终效果如图 7-35 所示。

图 7-35　扳手模型

通过完成任务：

● 熟悉草图绘制工具的使用。

- 通过创建扳手模型，了解 3D One 中草图编辑工具的应用。
- 能够对草图编辑命令进行综合使用，创建出其他模型。
- 学会利用"拉伸"命令拉伸草图，将模型立体化。

（资源文件路径：Unity 3D/2D 移动开发实战教程\第 7 章\实例 3）

7.3.1　绘制扳手草图

步骤 1　绘制直线

单击上视图，选择左侧菜单栏的"草图绘制"→"直线"命令，如图 7-36 所示。通过确定"点 1"和"点 2"的位置，在网格线上绘制一条长度为 80 的水平线，单击"确定"按钮，如图 7-37 所示。

图 7-36　直线命令

图 7-37　绘制直线

步骤 2　绘制圆形

选择左侧菜单栏的"草图绘制"→"圆形"命令，以直线左侧端点为中心绘制一个"半径"为 10 的圆，以直线右侧端点为中心绘制一个"半径"为 19 的圆，单击"确定"按钮，效果如图 7-38 所示。

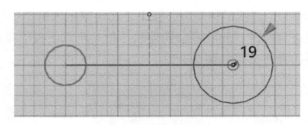

图 7-38　绘制圆形

7.3.2　对草图进行修改

步骤 1　偏移曲线

选择左侧菜单栏的"草图编辑"→"偏移曲线"命令，"曲线"选择网格面上的直线，会出现图 7-40 所示的红色箭头，"距离"设为 10，勾选"在两个方向偏移"复选框，如图 7-39 所示。在红色箭头的上下方都出现了与原直线等长的两条直线，单击"确定"按钮，如图 7-40 所示。

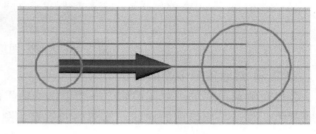

图 7-39　参数设置　　　　　　　　　　图 7-40　偏移曲线

步骤 2 修剪多余曲线

选择左侧菜单栏的"草图编辑"→"单击修剪"命令，当光标放在曲线上时，曲线会变成黄色，单击需要修剪的曲线，修剪后的效果如图 7-41 所示。

图 7-41　修剪后图形

步骤 3 绘制正六边形

选择左侧菜单栏的"基本实体"→"正多边形"命令，"中心点"选择右侧圆心，"边数"设置为 6，"角度"不用进行设置，绘制一个"半径"为 12 的正六边形，单击"确定"按钮，效果如图 7-42 所示。

图 7-42　绘制正六边形

步骤 4 延伸曲线

选择左侧菜单栏的"草图编辑"→"修剪/延伸曲线"命令，"曲线"选择正六边形上下两条边的右侧，曲线会变成橙黄色，终点单击右侧大圆弧，延伸选择"线性"，单击"确定"按钮，延伸后的效果如图 7-43 所示。

图 7-43　延伸后图形

步骤 5 继续修剪多余的曲线

选择左侧菜单栏的"草图编辑"→"单击修剪"命令，当光标放在曲线上时，曲线会变成黄色，单击需要修剪的曲线，修剪后的效果如图 7-44 所示。

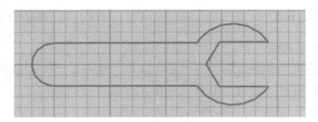

图 7-44　修剪后图形

步骤 6 设置链状倒角

选择左侧菜单栏的"草图编辑"→"链状倒角"命令，"曲线"选择图 7-45 所示的四条橙黄色边线，"倒角距离"设为 15，单击"确定"按钮。

图 7-45　需要选择的边线

步骤 7 设置链状圆角

选择左侧菜单栏的"草图编辑"→"链状圆角"命令，"曲线"选择图 7-46 所示的四条橘黄色边线，"半径"（圆角大小）设为 2，单击"确定"按钮。

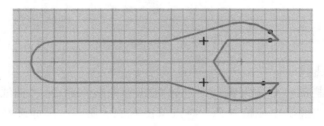

图 7-46　需要选择的边线

步骤⑧ 绘制圆形

选择左侧菜单栏的"基本实体"→"圆形"命令，以左侧的圆心为"中点"，绘制一个"半径"为 5 的圆，单击"确定"按钮，最后单击草图上方的 按钮，查看绘制后的图形，效果如图 7-47 所示。

图 7-47　圆形绘制

7.3.3　拉伸草图

选择左侧菜单栏的"特征造型"→"拉伸"命令，"轮廓 P"选择扳手图形，"拉伸类型"选择对称，"方向"和"子区域"不用进行设置，如图 7-48 所示。拉伸"高度"设为 2，单击"确定"按钮，将模型进行保存，这样扳手就制作完成了，如图 7-49 所示。

图 7-48　参数设置

图 7-49　拉伸扳手图形

�———— **知 识 总 结** ————⟨⟨

编辑草图工具 ▢ 包含了"链状圆角""链状倒角""单击修剪""修剪/延伸"和"偏移曲线" 5 种编辑命令，选择方式均为在左侧"编辑草图"的子菜单中选择相应命令图标。

1. 链状圆角 ▢

该命令可以创建两条曲线间的圆角，单击草图中两条不同的曲线后，在菜单中设置圆角半径即可。

2. 链状倒角 ▢

该命令可以创建两条曲线间的斜角，单击草图中两条不同的曲线后，在菜单中设置直角边距离，默认为 45° 角，可通过拖动曲线与斜角交点来改变斜角的角度。

3. 单击修剪 ⚔

该命令可以对绘制完成的曲线段进行修剪，修剪命令在草图编辑中应用广泛，多用于去掉多余的曲线或直线。

4. 修剪/延伸曲线 ⚔

该命令可将曲线延伸或缩短到指定点或曲线。延长命令多用于复杂草图的绘制或对修剪过度的图形进行补救。

5. 偏移曲线 ⚔

该命令可以偏移复制直线、弧线或曲线，可以进行偏移距离的设置，也可以选择翻转偏移的方向，或者选择两个方向都偏移，多用于复杂直线或曲线的复制偏移。

🧊 试一试

运用本任务中所学内容，制作一个星星奖牌，如图 7-50 所示。

图 7-50　星星奖牌

提示：

（1）利用草图绘制一个正五边形，在五边形内通过"多段线"命令绘制五角星。
（2）利用"偏移曲线"命令，对五角星进行向外的偏移。
（3）利用"链状圆角"命令，对星的五个角进行修饰。
（4）利用"偏移曲线"命令和"直线"命令，将星星正上方的角绘制成类似三角形。
（5）在内侧的星星中绘制一个圆形，最后进行整体造型的拉伸。

7.4　特征造型：多边形杯子

任务要求

本任务通过多边形杯子的创建过程，对"拉伸""放样""扫掠"和"旋转"等命令进行综合运用。创建多边形水杯时首先要绘制圆形，利用"拉伸"命令对圆形进行拉伸后变成圆柱体，再利用"放样"命令将圆柱体变为杯体状。之后选择"扫掠"命令创建杯把。最后选择"旋转"命令，"渲染模式"中"线框模式"和"着色模式"为辅助，抽空杯子内部实体。多边形杯子模型的最终效果如图 7-51 所示。

图 7-51　杯子模型

通过完成任务：

● 熟悉"拉伸"命令的使用。
● 通过创建多边形杯子模型，掌握特征造型中"放样"命令和"扫掠"命令的应用。
● 学会使用"自动对齐视图"命令。
● 通过该任务，了解"渲染模式"中的"线框模式"和"着色模式"的应用。

（资源文件路径：Unity 3D/2D 移动开发实战教程\第 7 章\实例 4 ）

7.4.1　创建杯身

步骤 1　绘制杯子底部圆形轮廓

选择左侧菜单栏的"草图绘制"→"圆形"命令，绘制"半径"为 30 的圆，如图 7-52 所示。

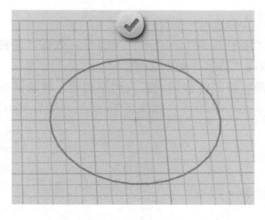

图 7-52　绘制圆形

步骤② 拉伸圆形轮廓

选择左侧菜单栏的"特征造型"→"拉伸"命令，选择圆作为"轮廓"，拉伸"类型"选择 1 边，"方向"和"子区域"不用进行设置。拉伸"高度"设为 50，单击"确定"，拉伸后效果如图 7-53 所示。

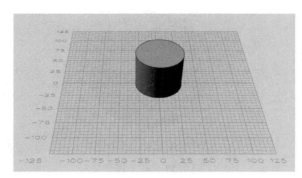

图 7-53　拉伸后效果

步骤③ 在拉伸后的圆柱体顶面绘制正八边形

选择左侧菜单栏的"草图绘制"→"正多边形"命令，正多边形中心点与圆柱顶部圆同心，"边数"设为 8，"角度"不用进行设置，绘制一个"半径"为 40 的正八边形，创建后图形效果如图 7-54 所示。

图 7-54　创建正八边形

步骤④ 选择"放样"命令

选择左侧菜单栏的"特征造型"→"放样"命令，放样"轮廓"选择圆柱底面的圆边线，如图 7-55 所示。放样"方式"选择曲率。

接着选择第二个轮廓，将光标移动到正八边形位置，移动鼠标位置使黄色箭头方向一致且造型效果不扭曲，单击一下即可，如图 7-56 所示。最后单击"确定"按钮完成放样。

7.4.2　创建杯把

步骤① 绘制杯把轮廓

选择左侧菜单栏的"草图绘制"→"圆弧"命令，选择顶面正多边形任意一边的中点作为草图绘制平面，在查看视图中单击"自动对齐视图"按钮，如图 7-57 所示。绘制合适的曲线作为杯把的路径，单击正上方的"完成"按钮结束绘制，如图 7-58 所示。

图 7-55　轮廓一

图 7-56　轮廓二

图 7-57　自动对齐视图命令

图 7-58　绘制杯把

步骤 2　在杯把轮廓上绘制圆形

选择左侧菜单栏的"草图绘制"→"圆形"命令，单击圆弧边任意位置作为草图绘制平面，"圆心"选择杯把位置，圆的"半径"调整为 3，单击"确定"按钮，绘制后的图形效果如图 7-59 所示。

图 7-59　在杯把上绘制圆形

步骤 3　选择"扫掠"命令

选择左侧菜单栏的"特征造型"→"扫掠"命令，"轮廓 P1"选择圆形，"路径 P2"

选择圆弧，将"布尔运算"调整为加运算，"坐标"不用进行设置，参数设置如图 7-60 所示。单击"确定"按钮，扫掠后效果如图 7-61 所示。

图 7-60　参数设置

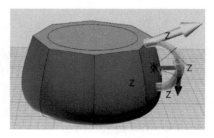

图 7-61　杯把

7.4.3　抽空杯子内部实体

步骤 1　在杯子内部绘制矩形

选择左侧菜单栏的"草图绘制"→"矩形"命令，选择与把手同一侧的顶面多边形中点作为草图绘制平面，单击"自动对齐视图"按钮，矩形"点 1"选择杯口中点，"点 2"选择杯子内部任意位置，将尺寸设置为 33 和-45，如图 7-62 所示。

图 7-62　在杯子内部绘制矩形

步骤 2　在"线框模式"下对矩形进行旋转

选择 DA 工具条的"显示模式"→"线框模式"命令，如图 7-63 所示。在"特征造型"中选择"旋转"命令，"轮廓"选择绘制的矩形草图，"轴 A"选择中间矩形边线，如图 7-64 所示。将"布尔运算"调整为减运算，"旋转类型"为 1 边，"结束区域"和"子区域"不用进行设置，单击"确定"按钮。

图 7-63　线框模式

图 7-64　选择旋转轮廓

步骤③ 将杯子模型调整为着色模式

选择 DA 工具条的"显示模式"→"着色模式"命令("线框模式"的右边),调整视角,这样多边形水杯就完成了,如图 7-65 所示。

图 7-65　着色模式

知 识 总 结

知识点一：特征造型工具

特征造型工具包含了"拉伸""拔模""扫掠""旋转""放样""圆角""倒角"和"由指定点开始变形实体"共 8 种特征造型命令,选择方式均为在左侧"特征造型"的子菜单中选择相应命令图标。

1. 拉伸

使用该命令之前要先创建草图,再实现拉伸功能。使用时,用鼠标左键单击创建好的草图轮廓作为拉伸轮廓,把草图轮廓沿着垂直草图方向拉伸成实体。

2. 拔模

使用该命令之前需要有实体特征,可以设定拔模方向和角度,角度为负值向外拔模,角度为正值向内拔模。图 7-66 为拔模前的长方体,图 7-67 为以长方体的顶面为拔模体,黄色箭头所指方向为拔模方向,角度为-19 的拔模效果。

图 7-66　拔模前的长方体

图 7-67　拔模后的效果

3. 扫掠

此命令用一个开放或闭合的轮廓和一条轨迹线,实现一个草图轮廓沿着一条路径(轨

147

迹线）移动形成曲面或实体。与"拉伸"命令不同之处在于扫掠的路径可以是曲线，而"拉伸"命令只能沿着直线拉伸。注意：轨迹线不能与轮廓线在同一平面同一草图内，建议在轮廓线的垂直面内绘制。

4. 旋转

使用此命令之前要先绘制一个草图轮廓，草图轮廓必须是旋转实体截面图的一半图形，旋转命令实质上就是草图轮廓绕着轴线旋转一圈或指定角度形成实体。

5. 放样

此命令是通过连接多个轮廓，构成曲面或实体。选择轮廓时，多个轮廓要依次选择，并注意各轮廓的起始点和连接线方向，否则放样出来的曲面或实体会有扭曲。注意：轮廓不能在同一平面同一草图内绘制，要分开绘制。

6. 圆角

与草图编辑中的圆角命令不同，特征造型中的圆角命令在使用前需要先创建一个实体，是对该实体的边线上创建圆角，以此美化造型。

7. 倒角

与草图编辑中的"倒角"命令不同，也需要在使用前先创建一个实体，然后在该实体的边线上创建倒角。

8. 由指定点开始变形实体

这个命令的使用是建立在实体的基础上，通过抓取实体面上的一个点并采取不同的方式拖动这个点来使模型发生变形。图 7-68 为原始长方体，图 7-69 为对长方体顶面上的一点沿着 z 轴负向拖动变形后的效果。

图 7-68　原始长方体　　　　　　图 7-69　变形后长方体效果

 知识点二：显示模式

DA 工具条位于 3D One 界面下方的中间位置，有 6 种便捷功能，从左至右依次为"查看视图""显示模式""隐藏和显示""整体缩放""3D 打印"和"视图区过滤器"，如图 7-70 所示。

图 7-70　DA 工具条

显示模式有三种，分别为"线框模式""着色模式"和"在着色模式下显示边"。

1. 线框模式 ⬡

线框模式只显示实体的轮廓线，便于查看复杂实体的内外部构造。

2. 着色模式 ⬢

着色模式是 3D One 默认的显示模式。

3. 在着色模式下显示边模式 ⬡

该模式用于控制在着色模式下是否显示实体的轮廓线。

试一试

根据本任务中所学内容，创建一个台灯模型，如图 7-71 所示。

图 7-71　台灯模型

提示：

（1）创建灯罩时先在草图上进行绘制，旋转后再进行圆角的修饰。

（2）创建台灯支架时，先绘制一条曲线和一个椭圆，绘制椭圆时要在后视图中进行绘制，然后使用"扫掠"命令创建支架。

（3）创建台灯底座时，可以添加开关等进行修饰。

7.5　特殊功能：扭曲水杯

任务要求

本任务通过对扭曲水杯的创建，介绍了"锥削""抽壳""扭曲""圆柱折弯"和"浮雕"等命令的综合运用。创建扭曲水杯时，首先要创建六面体，进行锥削后选择"抽壳"命令，抽空杯子内部实体，再选择"扭曲"命令，将杯子扭曲化。之后选择六面体，利用"圆柱折弯"命令创建杯把。最后选择"浮雕"命令为杯子刻上浮雕。扭曲水杯的最终效果如图 7-72 所示。

通过完成任务:

● 能够对"特殊功能"工具中的"锥削""抽壳""扭曲""圆柱折弯"和"浮雕"等命令进行综合运用。

● 熟练掌握"特征造型"中"圆角"命令的应用。

图 7-72　扭曲水杯

（资源文件路径：Unity 3D/2D 移动开发实战教程\第 7 章\实例 5）

7.5.1　创建杯体

步骤 1　创建六面体

选择"六面体"命令，创建一个"长""宽"和"高"分别为 40、40、60 的正六面体，如图 7-73 所示。

图 7-73　创建六面体

步骤 2　对六面体进行"锥削"操作

选择左侧菜单栏的"特殊功能"→"锥削"命令，"造型"选择六面体，"基准面"选择六面体顶面，将"锥削因子 T"设置为 0.8，如图 7-74 所示。单击"确定"按钮后，锥削效果如图 7-75 所示。

		×	✓
造型	S1		
基准面	F2		
锥削因子 T	0.8		↕

图 7-74　参数设置

图 7-75　锥削后效果

步骤 3　为杯体四周添加圆角

在"特征造型"工具中选择"圆角"命令，为杯体四周添加圆角，单击杯体的四条边线，可以设置"圆角"的数值，这里将"半径"设置为 6，效果如图 7-76 所示。

步骤 4　抽空杯体内部

选择左侧菜单栏的"特殊功能"→"抽壳"命令，"造型"选择杯体，"开放面"选择杯体顶面，"厚度"选择-0.25，单击"确定"按钮，抽壳后模型如图 7-77 所示。

图 7-76　添加圆角

图 7-77　对杯体抽壳

步骤 5　扭曲杯体

选择左侧菜单栏的"特殊功能"→"扭曲"命令，"造型"选择杯体，"基准面"选择杯体底面，"扭曲角度"设为 90°，"中心点"不用进行设置，单击"确定"按钮，扭曲后模型如图 7-78 所示。

图 7-78　扭曲杯体

7.5.2 创建杯把

步骤① 创建杯把所需的六面体模型。

选择左侧菜单栏的"基本实体"→"正六面体"命令，放置点在杯体右侧，创建一个"长""宽""高"分别为3、7、60的六面体，长度7对应的是杯体，如图7-79所示。

步骤② 为杯把六面体模型四周添加圆角

选择左侧菜单栏的"特征造型"→"圆角"命令，单击六面体的四条边线，可以设置"圆角"的数值，这里要为六面体四周添加"半径"为1.5的圆角，如图7-80所示。

图 7-79　创建六面体

图 7-80　添加圆角

步骤③ 将六面体弯曲并调整位置

选择左侧菜单栏的"特殊功能"→"圆柱折弯"命令，"造型"选择杯把，"基准面"选择朝向杯体的一面，将"角度"设为200，旋转不用进行设置，效果如图7-81所示。单击上视图，调整杯把位置如图7-82所示。

图 7-81　圆柱折弯

图 7-82　调整后杯把位置

7.5.3 创建浮雕效果

选择左侧菜单栏的"特殊功能"→"浮雕"命令，"文件"选择需要雕刻的图片，"面"

选择杯体需要雕刻浮雕的面，将"最大偏移"设为1、"宽度"设为30、"旋转角度"设为
-90度（"宽度"和"旋转角度"根据不同的需要可自行调整），然后将"分辨率"设为0.1，
添加浮雕后的效果如图7-83所示。

图 7-83　添加浮雕效果

知识总结

　　特殊功能工具包含了"锥削""抽壳""扭曲""圆柱折弯""曲线分割""实体分割"
"圆环折弯""浮雕"和"投影曲线"等命令，选择方式均为在左侧"特殊功能"的子菜单
中选择相应命令图标。其主要作用是对曲面造型或实体变形等进行编辑。这里特别讲解以
下几个命令。

1. 锥削

　　此命令将改变一个面与另一个面的角度，产生类似梯台的效果，可更改锥形的范围及
锥削因子产生不同的效果。

2. 抽壳

　　此命令是在所创建的实体模型上选择一个开口面，来将实体模型的内部去掉，仅留下
有一定厚度的外壳，厚度的正负值分别表示壁厚向实体模型外、内部伸展，开放面为造型
的开口面。

3. 扭曲

　　此命令是将一个实体模型自行扭转一个角度，通过调节扭转的范围及扭转角度，从而
得到不同的扭转效果。

4. 圆柱折弯

　　此命令可以将模型沿着某个面进行弯曲，类似于模型沿着圆柱折弯，根据参数设置完
成弯曲造型。

5. 浮雕

　　此命令可以在曲面上将图片转变成立体的浮雕造型，可调节浮雕的最大偏移量及图片
的宽度，分辨率用于调整浮雕效果的质量，数值越小，质量越高。

🔷 **试一试**

根据本任务所学内容，创建一个弹簧模型，如下图 7-84 所示。

图 7-84　弹簧模型

提示：

（1）绘制一个正三角形或者其他图形都可以（利用圆形作为辅助线后删除）。

（2）使用"拉伸"命令对三角形进行拉伸。

（3）对拉伸后的三棱体使用"扭曲"命令，扭曲角度稍大一些。

（4）绘制一个圆形，以三棱体的一条边为放置点，选择"扫掠"命令，创建弹簧模型。

7.6　基本编辑：汉诺塔

任务要求

本任务通过对汉诺塔的创建，介绍了"移动""缩放"和"阵列"等命令的综合运用。创建汉诺塔时，首先是通过创建一个圆柱体后利用"线性阵列"命令创建好塔基，之后利用"圆形阵列"命令对小圆柱体进行复制，从而创建好塔体。最后利用"移动"和"缩放"命令对圆环体（塔环）进行调整和优化。汉诺塔的最终效果如图 7-85 所示。

图 7-85　汉诺塔模型

通过完成任务：

● 熟练掌握"基本编辑"中"阵列"的两种方式："线性阵列"和"圆形阵列"。

● 学会"基本编辑"中"移动"和"缩放"命令的使用。

（资源文件路径：Unity 3D/2D 移动开发实战教程\第 7 章\实例 6）

7.6.1　创建塔底座

步骤 1　创建一个圆柱体作为底座

选择"圆柱体"命令，创建一个底"半径"为 20、"高"为 5 的圆柱体，如图 7-86 所示。

步骤 2　利用"阵列"命令复制出另一个圆柱体

选择左侧菜单栏的"基本编辑"→"阵列"命令，"阵列方式"选择线性阵列，"基体"选择圆柱体，"方向"选择（1，0，0），在绘图界面中将"阵列距离"设为 21，"阵列数量"设为 2，单击"确定"按钮，阵列后的模型如图 7-87 所示。

图 7-86　创建圆柱体

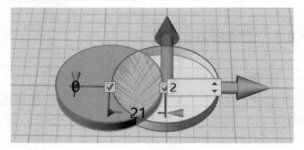

图 7-87　添加阵列

7.6.2　创建塔支柱

步骤 1　创建一个与底座具有同心圆的圆柱体支柱

选择左侧菜单栏的"基本实体"→"圆柱体"命令，创建一个底"半径"为 3、"高"为 50 的圆柱体，如图 7-88 所示。

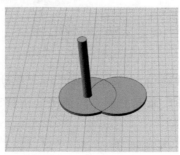

图 7-88　创建圆柱体

步骤② 利用"圆形阵列"命令复制出另外两个带有支柱的底座

选择左侧菜单栏的"基本编辑"→"阵列"命令,"阵列方式"调整为"圆形阵列","基体"选择两个同心圆柱,"方向"选择另一个圆柱边线,"布尔运算"选择加运算,如图 7-89 所示。在绘图界面中将"阵列数量"调整为 3 个,阵列复制后效果如图 7-90 所示。

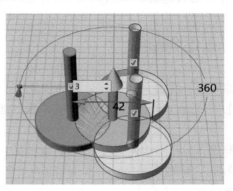

图 7-89 设置阵列参数　　　　　图 7-90 阵列复制后效果

7.6.3 创建塔环

步骤① 制作塔环

选择"圆环体"命令,中心点放置在圆柱体顶面中心位置,尺寸设为 15×4,如图 7-91 所示。

图 7-91 创建圆环体

步骤② 移动塔环

单击前视图,选择左侧菜单栏的"基本编辑"→"移动"命令,将"移动方式"调整为动态移动,"实体"选择圆环,拖曳上下方向箭头向下移动-46,单击"确定"按钮,移动后图形如图 7-92 所示。

步骤③ 利用"线性阵列"复制塔环

选择左侧菜单栏的"基本编辑"→"阵列"命令,选择"线性阵列","基体"选择塔环,"方向"设置为（0，0，1），在绘图界面中将阵列"距离"设为 39，阵列"数量"设为 6,"布尔运算"选择基体，单击"确定"按钮，阵列后图形如图 7-93 所示。

图 7-92　移动后图形

图 7-93　对圆环进行阵列设置

步骤 4 利用"缩放"命令使得塔环由上到下按照从小到大的顺序排列

选择左侧菜单栏的"基本编辑"→"缩放"命令,"实体"选择第二个塔环,"比例"调整为 0.95 ，单击"确定"按钮。

继续选择"缩放"命令，选择第三个塔环,"比例"调整为 0.9，以此类推，第四个塔环调整为 0.85，第五个塔环调整为 0.8，第六个塔环调整为 0.75，单击"确定"按钮，调整后模型效果如图 7-94 所示。此时汉诺塔模型就完成了。

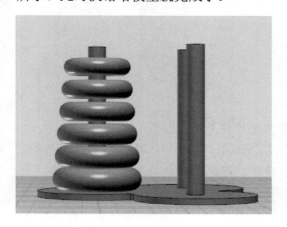

图 7-94　对圆环进行缩放设置

━━◆━━ **知 识 总 结** ━━◆━━

基本编辑工具✛包含了"移动""缩放""阵列""镜像""DE 移动"和"对齐移动"等命令，选择方式均为在左侧"基本编辑"的子菜单中选择相应命令图标。其主要作用是对创建完成的实体进行一系列的变换操作，这里特别讲解下面几个命令。

1. **阵列** ⠿

阵列命令可使实体模型按照一定方式复制摆放，阵列形式包括线性阵列和圆形阵列。

- 线性阵列：可以沿纵、横两直线方向复制摆放，也可以沿一个直线方向阵列。
- 圆形阵列：以一定半径绕着一根中心轴旋转复制摆放，并且可以添加阵列环数，可在菜单中通过参数调整。

2. **移动** 📖

移动命令可将实体模型从一点移动到另一点，不仅能够沿轴线平移，还可以沿轴旋转，并且平移量和旋转量可使用三维手柄进行拖动、输入调节。

3. **缩放** 📐

缩放命令可通过修改选中实体模型的比例，来实现实体模型的放大或缩小，并且可重新定位缩放过的新实体模型位置。

🧊 试一试

根据本任务中所学内容，创建一个风车模型，如图 7-95 所示。

图 7-95　风车模型

提示：

（1）绘制一个等腰三角形作为扇叶图形。

（2）绘制扇叶图形后，使用"拉伸""圆柱折弯"和"缩放"命令修改扇叶形状。

（3）利用"阵列"命令创建风车其余的扇叶。

（4）可以利用圆柱体创建风车的轴。

7.7　自动吸附：带垫水杯

任务要求

本任务通过带垫水杯的创建过程，介绍了"组合编辑""自动吸附"和"渲染"等命令的综合运用。要创建带垫水杯，首先利用圆柱体进行"抽壳"创建杯体，使用圆环体创建杯把，使用"组合编辑"命令合并杯体和杯把，再利用"通过点绘制曲线"和"拉伸"

命令制作杯垫，最后使用"颜色"和"贴图"命令对水杯和杯垫进行修饰和优化。带垫水杯的最终效果如图 7-96 所示。

图 7-96　带垫水杯模型

通过完成任务：

● 熟练掌握"抽壳"命令的使用。

● 学会利用"组合编辑"命令合并杯把和杯体。

● 能够使用"通过点绘制曲线"命令绘制出水杯垫草图。

● 学会使用"自动吸附"命令，使得杯子底面能够快速吸附在水杯垫上表面。

● 了解 3D One 中"渲染"命令的使用，为不同模型渲染不同材质。

（资源文件路径：Unity 3D/2D 移动开发实战教程\第 7 章\实例 7）

7.7.1　创建水杯

步骤 ① 创建圆柱体

选择"圆柱体"命令，中心点位置自行选择，在网格面上创建一个底"半径"为 20、"高"为 50 的圆柱体，单击"确定"按钮，创建后的效果如图 7-97 所示。

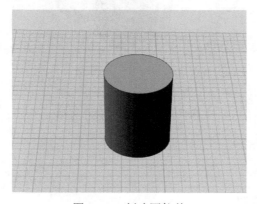

图 7-97　创建圆柱体

步骤2 抽壳圆柱体

选择左侧菜单栏的"特殊造型"→"抽壳"命令,"造型"选择圆柱体,"厚度"设为-2,"开口面"选择圆柱体顶面,单击"确定"按钮,抽壳后的效果如图7-98所示。

步骤3 制作杯把

单击前视图,选择左侧菜单栏的"基本实体"→"圆环体"命令,在圆柱体侧面中间位置创建一个"半径"为20、"宽度"为3的圆环体,单击"确定"按钮,如图7-99所示。

图7-98 对圆柱体进行抽壳　　　　　　　图7-99 创建杯把

步骤4 合并杯体和杯把

单击上视图,将圆环移动到合适位置。选择左侧菜单栏中的"组合编辑"命令,"基体"选择杯体,"合并体"选择杯把,"边界"选择杯体外壁,单击"确定"按钮,组合后模型的效果如图7-100所示。

图7-100 合并杯体与杯把

7.7.2 创建杯垫

步骤1 绘制杯垫草图

选择左侧菜单栏的"草图绘制"→"通过点绘制曲线"命令,在网格面上绘制一个杯垫草图。绘制时先确定要绘制的平面,之后在网格面上确定一点,选择合适大小的距离和角度再确定下一点,使最后绘制的图形较为美观,如图 7-101 所示。单击"确定"按钮后还要单击草图上方的 ✅ 按钮。

步骤 ② 拉伸杯垫草图

选择左侧菜单栏的"特征造型"→"拉伸"命令,"轮廓"选择杯垫草图,"拉伸类型"选择 1 边,"方向"和"子区域"不用进行设置,"拉伸高度"设为 4,单击"确定"按钮,如图 7-102 所示。

图 7-101　绘制杯垫草图

图 7-102　拉伸草图

7.7.3　水杯自动吸附到杯垫

步骤 ① 在杯垫上创建一个承台

选择左侧菜单栏的"基本实体"→"圆柱体"命令,在杯垫中心位置创建一个底"半径"为 21、"高"为 -2 的圆柱体作为承台,"布尔运算"调整为减运算。单击"确定"按钮,创建后的效果如图 7-103 所示。

图 7-103　创建承台

步骤② 自动吸附

选择左侧菜单栏中的"自动吸附"命令,"实体 1"选择杯子底面,"实体 2"选择杯垫承台面,单击"确定"按钮,吸附后模型的效果如图 7-104 所示。

图 7-104　吸附水杯

步骤③ 渲染水杯

选择左侧菜单栏中的"颜色"命令,"实体"选择杯子,单击"黄色"色块,将杯子颜色设置为黄色。

单击右侧侧条,选择"视觉样式"→"贴图"命令,如图 7-105 所示。"面"选择杯垫,"宽度""高度""旋转"和"不透明"都不用设置,单击"确定"按钮,渲染后的效果如图 7-106 所示。

图 7-105　视觉样式命令

图 7-106　对杯垫进行贴图

步骤④ 测量水杯高度

若想要测量造型的总体高度,可在左侧菜单栏中选择"距离测量"命令,"点 1"选择杯口,"点 2"选择杯垫底部,查看在 Z 方向的距离,同理也可以测量造型最大长度和宽度,效果如图 7-107 所示。

图 7-107　测量后数据

＊●── 知 识 总 结 ──●＊

知识点一："自动吸附"命令 🔗

"自动吸附"命令能够快速地将一个实体吸附贴合至另一个实体指定的面上。

知识点二：视觉样式 ▨

"视觉样式"位于右侧侧条位置，包括"贴图""材质"和"场景"。图 7-108 是对一个长方体添加"建筑"场景，木纹贴图后的效果。经过视觉样式编辑后，实体看起来更加逼真和贴近实物。

图 7-108　应用视觉样式后的长方体效果

知识点三："距离测量"命令 ▱

选择左侧"距离测量"命令，可以测量零件中点到点、几何体到点、几何体到几何体、平面到点的距离，每一类距离都可显示测量在 x、y、z 轴上的距离。测量命令可以检验造型的正确性，找出肉眼难以分辨的错误。

知识点四："颜色"命令 🎨

"颜色"命令可以将选定的实体模型赋予指定的颜色。

💠 试一试

根据本任务所学知识，设计一个带底座的花盆模型。

提示：

（1）花盆与底座相连时，采用"自动吸附"命令。

（2）花盆根据自身喜爱进行设计，可以利用"颜色"命令和"视觉样式"对其进行修饰和优化。

7.8　综合运用：镂空挂件

任务要求

本任务通过镂空挂件的创建，对"查看视图""渲染模式"和"显示/隐藏"等工具进行综合运用。要创建一个镂空挂件，首先要通过对正六边形进行拉伸得到一个整体造型，再通过添加球体和椭球体对造型进行镂空操作，最后利用"隐藏网格""整体缩放"和"颜色"等命令对镂空后的造型进行修饰和优化。镂空挂件的最终效果如图 7-109 所示。

图 7-109　镂空挂件模型

通过完成任务：

● 熟练掌握"草图编辑"命令的应用，绘制出需要的草图模型。

● 了解"拉伸"命令中拔模角度的作用。

● 能够运用阵列以及布尔运算做出镂空模型。

● 了解 3D One 中 3D 打印的过程。

（资源文件路径：Unity 3D/2D 移动开发实战教程\第 7 章\实例 8）

7.8.1　创建基本模型

步骤 1　绘制正六边形

选择"正多边形"命令，在上视图绘制一个"边数"为 6、"角度"为 0°、"半径"为 30 的正六边形，单击"确定"按钮后还要单击草图上方的 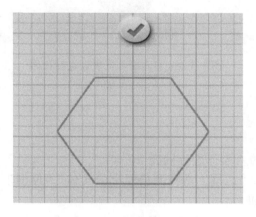 按钮，绘制后的草图效果如图 7-110 所示。

图 7-110　创建正六边形

步骤 2　拉伸正六边形

选择"拉伸"命令，"轮廓"选择正六边形，"拉伸类型"选择 1 边，"方向"和"子区域"不用设置，拉伸"高度"设为 30，"拔模角度"设为 25，单击"确定"按钮，拉伸后的模型如图 7-111 所示。

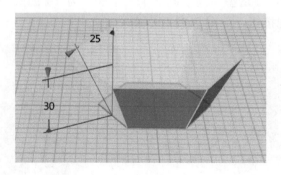

图 7-111　拉伸后正六边形

步骤 3　拉伸六面体顶面

再次选择"拉伸"命令，"轮廓"选择六面体顶面，"拉伸类型"选择 1 边，"方向"和"子区域"不用设置，拉伸"高度"设为 70，"拔模角度"设为-20，"布尔运算"设为加运算，单击"确定"按钮，拉伸后的模型如图 7-112 所示。

图 7-112 对六面体上表面进行拉伸

7.8.2 创建镂空效果

步骤 1 对拉伸后的六面体进行抽壳

选择"抽壳"命令，"造型"选择网格面上的实体，"厚度"设为-2，"开口面"不用设置，单击"确定"按钮。

此步骤完成后网格面上图形表面与图 7-112 相同，但其内部已经掏空，可以通过单击下方菜单栏"渲染模式"→"线框模式"按钮进行查看，如图 7-113 所示。单击"着色模式"后又恢复到之前的状态，同时也可以用该方法选择被模型遮挡在内部的草图。

步骤 2 在造型底面绘制圆形

选择"圆形"命令，选择造型顶部为绘制平面，选择下方菜单栏的"查看视图"→"自动对齐视图"命令，在造型中间绘制一个"半径"为 10 的圆，单击"确定"按钮，最后单击造型上方的 ✅ 按钮，如图 7-114 所示。

图 7-113 线框模式下的实体

图 7-114 在造型底面绘制圆形

步骤③ 创建球体

选择"球体"命令,"中心点"选择造型面的中心位置,球"半径"设为12,单击"确定"按钮,如图7-115所示。

步骤④ 创建椭球体

选择"椭球体"命令,"中心点"选择造型面的中心位置,"对齐平面"设为该面,如图7-116所示。为椭球体设置合适的长、宽、高后,单击"确定"按钮。

图7-115　创建球体

图7-116　创建椭球体

步骤⑤ 对球体和椭球体进行圆形阵列

选择"阵列"→"圆形阵列"命令,"基体"选择球体和椭球体,"阵列方向"设为造型顶部垂直方向,"阵列数量"设为6,"布尔运算"设为减运算,单击"确定"按钮,阵列后的效果如图7-117所示。

图7-117　阵列后效果

7.8.3 修饰及打印镂空挂件

步骤 1 在网格面上创建球体

选择"球体"命令,"中心点"任意选择,在网格面上创建一个"半径"为 20 的球,如图 7-118 所示。

图 7-118 创建球体

步骤 2 球体吸附到镂空模型底面

选择"自动吸附"命令,"实体 1"选择球体,"实体 2"选择造型内部底面,单击"确定"按钮,吸附后的模型效果如图 7-119 所示。

图 7-119 自动吸附

步骤 3 为造型添加颜色

选择下方菜单栏的"显示/隐藏"→"隐藏网格"命令，可以将网格隐藏。单击下方菜单栏中的"整图缩放"命令，单击左侧菜单栏中的"颜色"命令，将下方菜单栏中"过滤器"列表选择为曲面，此时可以为造型单个的面添加不同的颜色，如图 7-120 所示。

图 7-120　为造型添加颜色

步骤 4　3D 打印

选择下方菜单栏的"3D 打印"命令，选择打印机切片类型，单击"确定"按钮，就可以打印了，如图 7-121 所示。

图 7-121　3D 打印

✦━━━━━●━━━━ 知 识 总 结 ━━━━●━━━━✦

🔲 **知识点一：查看视图命令** 👁

查看视图命令位于绘图界面的下方，包含"自动对齐视图"和"对齐方向视图"。

1. **自动对齐视图**

该方式以水平视角展示视图。

2. **对齐方向视图**

该方式通过设置原点、X 轴和 Y 轴的数值来建立视角，从而查看视图。

🔲 **知识点二："隐藏/显示"命令** 📦

界面下方"隐藏/显示"命令子菜单中隐藏网格命令，可控制设计界面内网格面的显示和隐藏。设计界面内的网格是为了方便建立草图而存在的，也是设计界面默认的方式。

🔲 **知识点三："整体缩放"命令** 🔍

该命令可显示绘制模型的整体。

🔲 **知识点四："3D 打印"命令** 🔳

"3D 打印"命令是快速连接 3D 打印软件的启动按键，能够实现三维软件和 3D 打印软件的直接连接，可直接将要打印的模型生成 3D 打印可执行的文件格式，使得 3D 打印更加便捷。

🔷 **试一试**

根据本任务中所学知识，创建一个镂空梅花笔筒的模型，如图 7-122 所示。

图 7-122　镂空梅花笔筒

提示：
（1）对五角星进行"链状圆角"修饰后，可以得到梅花图形。
（2）利用"阵列"和"组合编辑"中的"减运算"命令，创建出镂空梅花的笔筒体。
（3）使用"自动吸附"命令将笔筒底部与筒身相连。

7.9　模型格式转换

本章主要讲的是在 3D One 中如何建立模型，那么在 3D One 中建立的模型和 Unity 又有什么关系呢？其实在 3D One 中建立的模型可以通过格式的转换当作素材应用于 Unity。模型格式的转换方法如下。

步骤 1　将 3D One 中的模型导出成 STL 格式

在 3D One 软件窗口中单击左上角 3D One 软件图标，弹出一个下拉菜单，如图 7-123 所示。在该菜单中选择"导出"命令，弹出图 7-124 所示的对话框。将 3D One 中建立好的模型导出成 STL 格式，STL 格式是最多快速原型系统所应用的标准文件类型，文件名可自行更改，同时也可以选择保存路径。

图 7-123　选择"导出"命令

步骤 2　确认是否生成 STL 格式文件

单击"保存"按钮后会出现图 7-125 所示的对话框，这是对导出成 STL 格式的确认，单击"确定"按钮，这样在 3D One 中将模型导出成 STL 格式就完成了。

步骤 3　在 3ds Max 软件中打开 STL 格式的模型

通过 3ds Max 软件将 STL 格式的模型转化成 Unity 中可以直接使用的 FBX 格式的模型。打开 3ds Max 软件，单击左上角的"文件"按钮，选择"导入"命令，会出现图 7-126 所示的对话框，选择文件类型为 STL 格式，在查找范围中选择 STL 格式模型的保存路径，选择模型后单击"打开"按钮，STL 格式的模型就导入进 3ds Max 软件中了。此格式转换以镂空挂件为例，导入后的界面如图 7-127 所示。

图 7-124　导出成 STL 格式

图 7-125　确认生成 STL 格式

图 7-126　导入 STL 格式模型

图 7-127　导入后界面

步骤 4 在 3ds Max 软件中导出 FBX 格式的模型

　　在 3ds Max 中单击左上角的"文件"标签，选择"导出"命令，弹出图 7-128 所示的对话框，选择文件类型为 FBX 格式，文件名可自行更改，同时也可以选择保存路径，单击"保存"按钮，这样在 3ds Max 中将模型导出成 FBX 格式就完成了。

图 7-128　导出成 FBX 格式

　　格式转换的基本过程：将 3D One 导出 STL 格式的模型时，首先通过 3ds Max 软件将 STL 格式转换成 FBX 格式的模型，FBX 格式的模型可以直接应用于 Unity 中。经过这样的格式转换，我们就可以将自己设计的模型当作素材，通过使用 Unity 中的相应功能实现开发出属于自己的软件的目的。

第三篇 3D教育软件综合实例篇

本篇通过一个综合性的 3D 教育软件,将前期介绍的一些 Unity 知识进行实践和应用。在 3D 教育软件开发过程中涵盖和扩展了各种技术点。

- 起始背景:通过制作菜单界面初步了解 UGUI 的基础知识。
- 关于窗口:通过完成关于窗口,进一步学习 UGUI 的界面元素布局方式。
- 设置窗口:设置窗口可以调整音量,通过完成设置窗口,学习 UGUI 中 Slider 的创建方法,掌握数据本地化的实现方法。
- 动态鱼:通过同时显示 UI 界面和 3D 模型,掌握摄像机的渲染模式。
- 加载界面:通过完成加载界面,掌握 Slider 动态变化的方法。
- 创建场景:通过创建场景,了解 Unity Standard Assets 的用法。
- 进入展厅:通过完成进入展厅任务,深入理解触发器的作用,熟悉 UI 界面的制作与显示,进一步熟悉音频的操作与控制。
- 摄像机跟随:通过完成摄像机跟随,了解 Unity 脚本生命周期中不同函数的区别,掌握摄像机跟随的实现方法。
- NPC 寻路:通过完成该任务,掌握创建路点的方法,掌握自动寻路的方法。
- 人物和 NPC 的交互:通过完成任务,学会 NPC 的事件触发,深入理解协程的概念。

第8章 3D 神秘海洋教育软件

8.1 软件介绍

3D 神秘海洋教育软件是基于 3D 虚拟展馆,对海洋生物进行展示和介绍。用户可以在展馆内自由漫游,类似于在现实生活中参观展览馆一样,可以到达展馆的任何地方。为了增加软件的趣味性,软件增加了 NPC(非玩家角色)功能,可以和用户进行互动交互。该软件共三个场景:场景一是起始界面,场景二是加载界面,场景三是展馆漫游。

8.1.1 起始界面

在起始界面中创建了一个和海洋主题相关的背景,通过起始界面的按钮可以对软件进行进一步地了解和操作。起始界面的左上角是"设置"按钮和"关于"按钮,通过单击"关于"按钮可以了解软件的基本信息,单击"设置"按钮可以对音量进行调节。单击屏幕正中央的"开始"按钮可以进入加载界面。除了按钮,起始界面上还显示了一条动态鱼,单击动态鱼可以播放动画。起始界面效果如图 8-1 所示。

图 8-1 起始界面

起始界面的 UI 框架结构如图 8-2 所示,共包含以下 3 个 GameObject 对象。

BG 是起始背景,包含 3 个 Button 控件:AboutButton、SetButton、StartButton 和一个 Image 动画对象 TitleImage,有关起始背景的创建将在 8.2 节中介绍。

AboutPanel 是关于窗口,包含了一个 AboutPanelMask 和一个 BG,这两个都是 Image,在它的 BG 中还包含了一个 Image 和一个 Text,关于窗口的制作将在 8.3 节中介绍。

SettingPanel 是设置窗口，设置窗口比关于窗口多了一个 Slider，它是进行音量调节的，设置窗口的制作将在 8.4 节中介绍。

图 8-2　起始界面的 UI 框架结构

8.1.2　加载界面

加载界面是加载新页面前的等待画面，这里通过滑动条动态显示加载进度，这也是一种常见的特效，加载界面效果如图 8-3 所示。

图 8-3　加载界面效果

8.1.3　展馆漫游

展馆漫游模块共有两个展厅，在展馆中有各种海洋生物模型。人物从过道开始，打开门后进入第一个展厅，在第一个展厅内进行漫游。进入第一个展厅可以参观海洋生物。展馆内有一个可以自动寻路的 NPC，当 NPC 碰到人物角色的时候会面向角色打招呼，效果如

图 8-4 所示。

图 8-4 展馆漫游

　　展馆漫游部分涉及的主要操作，如图 8-5 所示。分别为创建场景、创建 Me（即游戏主角），并且能控制 Me 的移动跳跃等；当 Me 走到展厅入口处时，展厅门会自动打开，弹出欢迎界面，播放背景音乐；当 Me 在展馆漫游的时候摄像机需要跟随 Me 移动，并时刻注视 Me；展馆中放置的 NPC 能够自动寻路，并且可以和 Me 进行交互。

图 8-5 展馆漫游主要功能

8.2 起始背景

任务要求

起始界面可以让用户选择进入不同的操作，这些操作包括开始游戏、设置音量以及打开关于窗口等。在该任务中我们主要制作菜单界面，该菜单界面由三个按钮和一个标题组成，其中标题以动画的形式进入场景，效果如图 8-6 所示。

图 8-6　最终效果

通过完成任务：

- 可以初步了解 UGUI 的基础知识。
- 掌握图片 Button 的制作方法。
- 掌握 Image 的创建方法。
- 掌握神秘海洋标题动画制作方法。

（资源文件路径：Unity 3D/2D 移动开发实战教程\第 8 章\实例 1）

8.2.1　创建 BG 起始背景

步骤 1　新建 BG 对象

（1）新建一个 Unity 项目，在新建项目的时候选择 3D 类型。

（2）在 Windows 的资源管理器中，将本节需要的素材文件夹直接拷贝到项目的 Assets 文件夹中，即可导入所需资源。

（3）在 Hierarchy 面板中单击鼠标右键，选择 UI→Canvas 命令，创建一个新的 Canvas。执行该操作的时候除了生成一个 Canvas 外，同时自动添加了一个 EventSystem 对象。

（4）在新建的 Canvas 上单击鼠标右键，选择 UI→Image 命令，创建一个 Image 对象，并将其重命名为 BG，效果如图 8-7 所示。

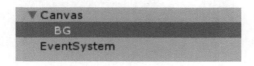

图 8-7　创建起始背景

步骤 2　设置背景图片

（1）选择上一步中创建的 BG 对象，在 Project 面板的 Assets 中找到 StartBG 图片，将其拖曳到 Inspector 面板中 Image 组件下的 Source Image 中，如图 8-8 所示。

图 8-8　设置背景图片

或者选中 BG 对象，在 Inspector 面板中单击 Image 组件下 Source Image 后的 ⊙ 图标，在弹出的 Select Sprite 中选择 StartBG 图片。

注意：如果图片无法拖曳到 Source Image 栏中，需要将图片转换成 Sprite(2D and UI) 类型。另外注意背景图的正面和背面，可以在 Game 面板查看效果。

（2）选择创建的 BG 对象，在 Inspector 面板中单击 Rect Transform 组件右上角的小齿轮图标，单击 Reset 将图片位置设置为（0，0，0）。然后在该对象的 Image 组件中单击 Set Native Size 按钮，将图片设置成原始大小。

（3）运行软件预览效果，发现图片比较大，显示不完整。这时可以在 Game 面板中单击 Free Aspect 下拉按钮，在列表中设置为 1920×1080 的显示效果，如图 8-9 所示。这样就可以将背景图片完整显示了。

图 8-9　设置显示效果

8.2.2　创建 AboutButton 按钮

步骤❶　新建 AboutButton

在 Hierarchy 面板中的 BG 上单击鼠标右键，选择 UI→Button 命令，创建 Button 对象，并将其重命名为 AboutButton，将其下 Text 子对象删除，效果如图 8-10 所示。

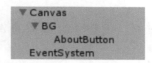

图 8-10　新建"AboutButton"

步骤 2 设置 AboutButton

（1）选中创建的 AboutButton 对象，在 Project 面板的 Assets 中找到 tanhao 图片，将其拖曳到 Inspector 面板中 Image 组件下的 Source Image 中。

（2）调整图片大小，将 Width 和 Height 的值都改为 100，如图 8-11 所示。

图 8-11　设置 AboutButton 按钮

注意：该按钮和父对象的关系，（Pos X，Pos Y，Pos Z）表示基于锚点相对于父物体的位置；（Width，Height）表示按钮的大小；Anchors 表示锚点；Pivot 表示轴心位置。

（3）设置好图片大小后，在 Scene 面板中直接将该图片拖曳到背景图片的左上角，效果如图 8-12 所示。

图 8-12　调整 AboutButton 按钮的位置

8.2.3　创建 SetButton 按钮

步骤 1 新建 SetButton

在 Hierarchy 面板中的 BG 上单击鼠标右键，选择 UI→Button 命令，创建 Button 对象，并将其重命名为 SetButton，将其下 Text 子对象删除。

步骤 2 设置 SetButton

（1）选中创建的 SetButton 对象，在 Project 面板的 Assets 中找到 shezhitubiao 图片，将其拖曳到 Source Image 中。

（2）调整 SetButton 对象大小，将 Width 和 Height 的值都改为 100。

（3）设置好大小后，在 Scene 面板中直接将该图片拖曳到背景图片的左上角，效果如图 8-13 所示。

图 8-13　调整 SetButton 按钮的位置

8.2.4　创建 StartButton 按钮

步骤 1 新建 StartButton

在 Hierarchy 面板中的 BG 上单击鼠标右键，选择 UI→Button 命令，创建 Button 对象，并将其重命名为 StartButton。

步骤 2 设置 StartButton

（1）选中创建的 StartButton 对象，在 Project 面板的 Assets 中找到 tongyonganniuxiao-huang 图片，将其拖曳到 Source Image 中。

（2）选中 StartButton 对象，单击工具栏的 ▣ 按钮，可以直接调整 StartButton 对象的大小和位置。注意要将 Image Type 改为 Sliced，再调整大小，如图 8-14 所示。

图 8-14　设置 StartButton 属性

注意：在对图片设置大小的时候，为了保证图片的四角不会发生变形，可以在 Project 面板中选择 tongyonganniuxiaohuang，在 Inspector 面板中单击 Sprite Editor 按钮，如图 8-15 所示。

图 8-15　对图片进行编辑

打开 Sprite Editor 窗口后，发现图片的四周有绿色的边框，如图 8-16 所示。可以拖动这些绿色的边线，调整九宫格的位置，确保在拉伸图片时四个角不会发生变形，如图 8-17b 所示。设置好后选择窗口上方的 Apply 命令进行保存。

图 8-16　Sprite Editor 的原始效果　　　　　图 8-17　Sprite Editor 调整后效果

（3）在 Hierarchy 面板中，选中 Start Button 下方的 Text 对象，在 Inspector 面板中将 Text 文本改为"开 始"，并在 Font Size 数值框中调整字体的大小，如图 8-18 所示。

图 8-18　设置文本

8.2.5 创建 TitleImage

步骤 1 新建 TitleImage

在 Hierarchy 面板中的 BG 对象上单击鼠标右键，选择 UI→Image 命令，创建 Image 对象，并将其重命名为 TitleImage。

步骤 2 设置 TitleImage

（1）选择创建的 TitleImage 对象，在 Project 面板的 Assets 中找到 TitleImg 图片，将其拖曳到 Inspector 面板中 Image 组件下的 Source Image 中。

（2）然后在该对象的 Image 组件中单击 Set Native Size 按钮，将图片设置为原始大小。

步骤 3 为 TitleImage 创建动画

（1）选中 Hierarchy 面板中的 Canvas 对象，在键盘上按 Ctrl+6 组合键，打开 Animation 窗口，单击 Create 按钮，选择保存路径并保存动画。

（2）然后在 Animation 窗口中单击 Add Property 按钮，在 Animation 窗口中选择 BG→TitleImage→Rect Transform→Anchored Position，单击 Anchored Position 右边的加号图标，如图 8-19 所示。这时会在时间轴窗口自动添加关键帧，如图 8-20 所示。

图 8-19　Add Property

图 8-20　添加关键帧

（3）将时间轴上的红色播放条调整到第 0 帧，选中时间轴上 TitleImage：Anchored Position 第 0 帧的关键帧，再将"神秘海洋"图片拖曳至背景图片的左上角，如图 8-21 所示。此时预览效果，可以看到标题从窗口的左上角进入到屏幕中央。

图 8-21　将标题移到屏幕的左上角

（4）继续在 Animation 窗口中单击 Add Property 按钮，在 Animation 窗口中选择 BG →TitleImage→Rect Transform→Scale，单击 Scale 右边的加号图标，添加关键帧。

（5）选中 Scale 的初始关键帧，将初始帧的 X 轴、Y 轴和 Z 轴的值均调到 0.1，如图 8-22 所示。此时预览动画，可以看到标题从屏幕左上角进入的时候从小变大。

图 8-22　添加缩放动画

（6）为了控制标题动画的播放速度，可以通过将 Samples 设置为 30 来降低播放速度。

（7）在 Project 面板中找到保存的动画并单击，在 Inspector 面板中取消勾选 Loop Time 复选框，如图 8-23 所示。这样标题动画就只播放一次，不会循环播放了。

图 8-23　取消循环播放

步骤④ 保存场景

到此为止，起始背景的所有元素都已经制作完成，保存该场景。

◆━━━ 知 识 总 结 ━━━◆

 知识点一：UGUI

UGUI 是 Unity 自带的一套 GUI 系统，含有一些基本的 UI 控件。

- Canvas：Canvas 类似我们作画的画布，而在 Canvas 上的控件，则类似画布上的图画，画布是画的载体，同时我们也可以认为 Canvas 是控件的载体。Canvas 是一个带有 Canvas 组件的 Game Object，所有的 UI 都应该是 Canvas 的子物体。
- EventSystem：如果使用 UI 系统，那么 EventSystem 对象会自动创建。这个对象负责监听用户输入，EventSystem 组件主要负责处理输入、射线投射以及发送事件。一个场景中只能有一个 EventSystem 组件。默认情况下，在电脑上可以使用键盘和鼠标输入，在移动设备上可以使用触摸输入。UnityEngine.EventSystems.EventSystem.current 保存了当前活动的 EventSystem 对象。
- RectTransform：Unity UI 系统可以使用 RectTransform 实现基本的布局和层次控制。RectTransform 继承于 Transform，所以 Transform 的所有特征 RectTransform 同样拥有。在 Transform 基础上，RectTransform 增加了轴心、锚点和尺寸变化量。
- CanvasScaler：这个组件负责屏幕适配。UI 系统使用 RectTransform 来计算 UI 的位置和大小，但这还不够。为了让设计的 UI 可以适配不同的分辨率、宽高比和 DPI，这个组件给出了 Constant Pixel Size、Scale With Screen Size 和 Constant Physical Size 三种适配方法，注意任何一种适配方法都不会改变 UI 的宽高比和相对定位。

 知识点二：UGUI 的 Image 控件

常用的控件有 Canvas、Text、Image、Button、Toggle、Slider、Scroll Bar、Scroll View 和 Input Field，控件在 Unity 中也是一个对象。

下面将对最常用的 Image 控件进行介绍，Image 常用属性如图 8-24 所示。

图 8-24 Image 控件属性设置

（1）Source Image（图像源）：格式为 Sprite（2D and UI）的图片资源。

（2）Color（颜色）：用于设置图片叠加的颜色。

（3）Material（材质）：用于设置图片叠加的材质。

（4）Raycast Target（射线投射目标）：设置是否作为射线投射目标，关闭之后忽略 UGUI 的射线检测。

（5）Image Type（图片显示类型）：用于选择图片的显示类型。

- Simple：选择该选项，图片整张全显示，不裁切、不叠加，根据边框大小会有拉伸。
- Sliced（切片）：选择该选项，在 Project 面板中选中图片，在 Inspector 面板中将图片设置为 Sprite（2D and UI），单击 Sprite Editor 按钮进入图片裁切模式，将图片裁切为图 8-25 所示的形状。这样 Image 对象使用 Sliced 模式后，拉伸时图片的四个角会保持原状，而 1 和 4 部分会随着图片的横向拉伸而拉伸，2 和 3 部分会随着图片的纵向拉伸而拉伸，图片的中间部分会拉伸 5 进行填充。

图 8-25　图片裁切

- Tiled（平铺的）：若图片已经裁切过，则使用 Tiled 模式后，拉伸时图片的四个角会保持原状，而 1 和 4 部分会随着图片的横向拉伸而拉伸，2 和 3 部分会随着图片的纵向拉伸而拉伸，图片的中间部分会用 5 进行平铺填充。若图片未裁切，则使用 Tiled 模式后，拉伸时图片保持原大小不做变化，只是用自身平铺填充。
- Filled（填充的）：根据填充方式、填充起点、填充比例决定图片显示哪一部分。

（6）Preserve Aspect（锁定比例）：针对 Simple 模式和 Filled 模式，勾选该复选框后，无论图片的外形放大还是缩小，都会一直保持初始的长宽比例。

知识点三：UGUI 的 Button 控件

Button 控件有两个组件，一个是 Image 组件，另一个是 Button 组件。

Image 组件中主要属性如下。

（1）Source Image（图像源）：添加背景图，可让空白的按钮更生动。

（2）Color（填充颜色）：改变图片颜色，可根据当前情况设置。

（3）Material（材质）：添加材质。

（4）Raycast Target（射线检测）：是否接受射线的检测。

Button 组件中的主要属性如下。

（1）Interactable：勾选，按钮可用；取消勾选，按钮不可用。

（2）Transition：按钮在状态改变时自身的过渡方式，包括 Color Tint（颜色改变）、Sprite Swap（图片切换）和 Animation（执行动画）等。

- Normal Color（默认颜色）：初始状态的颜色。
- Highlighted Color（高亮颜色）：选中状态或是鼠标靠近会进入高亮状态。
- Pressed Color（按下颜色）：鼠标单击或是按钮处于选中状态时按下 Enter 键的颜色。

- Disabled Color（禁用颜色）：禁用时颜色。
- Color Multiplier（颜色切换系数）：颜色切换速度，越大则颜色在几种状态间变化速度越快。
- Fade Duration（衰落延时）：设置颜色变化的延时时间，值越大，则变化越不明显。
- Highlighted Sprite（高亮图片）：选中状态或是鼠标靠近会进入高亮状态。
- Pressed Sprite（按下图片）：鼠标单击或是按钮处于选中状态时按下 Enter 键。
- Disabled Sprite（禁用图片）：禁用时图片。

8.3　关于窗口

任务要求

本任务主要是制作关于窗口，要求在单击起始背景上的 AboutButton 按钮时，可以弹出关于窗口。关于窗口主要显示一个静态文本，为了突出显示该文本，在窗口外框中添加了一个黑色背景，可以遮盖后方内容，单击该黑色背景的任意位置可以关闭窗口。图 8-26 为关于窗口的效果，可以看到黑色遮罩虚化了后方内容，从而突出了静态文本。

图 8-26　最终效果

通过完成任务：

- 进一步学习 UGUI 的界面元素布局方式。
- 掌握 Text 文本的创建方法。
- 掌握 Panel 的显示和隐藏技巧。

（资源文件路径：Unity 3D/2D 移动开发实战教程\第 8 章\实例 2）

8.3.1　创建 AboutPanel

步骤① 新建 AboutPanel

（1）在 Hierarchy 面板的 Canvas 上单击鼠标右键，选择 UI→Panel 命令，创建一个 Panel。

（2）在新建的 Panel 上单击鼠标右键，选择 Rename 命令，将其重命名为 AboutPanel。

步骤 2 删除 Image 组件

选中 AboutPanel 对象，在 Inspector 面板的 Image 组件上单击鼠标右键，选择 Remove Component 命令，将 Image 组件删掉，使此 Panel 只作为一个容器来使用，如图 8-27 所示。

图 8-27　删除 Image 组件

8.3.2　创建 AboutPanelMask

步骤 1 新建 AboutPanelMask

在 Hierarchy 面板中的 AboutPanel 对象上单击鼠标右键，选择 UI→Image 命令。在新建的 Image 上单击鼠标右键，选择 Rename 命令，将其重命名为 AboutPanelMask。

步骤 2 设置 AboutPanelMask 颜色

选中 AboutPanelMask，在 Inspector 面板中找到 Color 属性，将 R、G 和 B 均设置为 0，A 设置为 180，如图 8-28 所示。

步骤 3 设置 AboutPanelMask 大小

选中 AboutPanelMask，在 Inspector 面板中将此黑色遮罩大小调整为 1920*1080，使其覆盖背景图片。

步骤 4 添加 Button 组件

在 Inspector 面板中单击 Add Component 按钮，为其添加 Button 组件，如图 8-29 所示。这里将黑色遮罩调成满屏，其实就是创建了一个大 Button，这样用户单击屏幕任意位置都可关闭此窗口。

8.3.3　创建 BG

步骤 1 为 BG 设置图片

（1）在 Hierarchy 面板中的 AboutPanel 对象上单击鼠标右键，选择 UI→Image 命令，新建一个 Image 对象。

图 8-28　设置 AboutPanelMask 颜色　　　　图 8-29　添加 Button 组件

（2）在新建的 Image 上单击鼠标右键，选择 Rename 命令，将其重命名为 BG。

（3）选中 BG，在 Project 面板中找到 tongyongdadi1 图片，将其拖曳到 Inspector 面板的 Source Image 中，并调整到合适大小。

步骤 2 为 BG 创建内边框

（1）在 Hierarchy 面板的 BG 上单击鼠标右键，选择 UI→Image 命令，新建一个 Image 对象。

（2）选中新建的 Image 对象，在 Project 面板中找到 tongyongdadi2，将其拖曳到 Inspector 面板的 Source Image 中，并调整到合适大小，如图 8-30 所示。

图 8-30　设置边框

注意：在调整图片大小时，图片的边角会变形，这时需要用到前面介绍的图片处理方法。（8.2.4　创建 StartButton 按钮）

步骤 3 为 BG 添加文本

（1）在 Hierarchy 面板的 BG 上单击鼠标右键，选择 UI→Text 命令，创建一个 Text 对象。

（2）选中新建的 Text，在 Inspector 面板将 Text 文本改为"3D 神秘海洋制作组"，将字号设为 40，如图 8-31 所示。

图 8-31　设置文本

8.3.4　编写脚本

在 Project 面板中单击鼠标右键，选择 Create→C# Script 命令，创建脚本文件，并命名为 StartUI.cs。双击 StartUI.cs 打开文件进行编写。最后将编写的脚本 StartUI.cs 直接挂在 Canvas 对象上。

```
1.  using System.Collections;
2.  using System.Collections.Generic;
3.  using UnityEngine;
4.  using UnityEngine.UI;
5.  using UnityEngine.SceneManagement;
6.
7.  public class StartUI : MonoBehaviour
8.  {
9.      private Button AboutBtn;
10.     private Button StartBtn;
11.     private Button SetButton;
12.     private GameObject AboutPanel;
13.     private Button AboutPanelMask;
14.
15.     private void Awake()
16.     {
17.         AboutBtn = GameObject.Find("AboutButton").GetComponent
<Button>();
18.         StartBtn = GameObject.Find("StartButton").GetComponent
<Button>();
19.         SetButton = GameObject.Find("SetButton").GetComponent
<Button>();
20.         AboutPanel = GameObject.Find("AboutPanel");
```

```
21.          AboutPanelMask = GameObject.Find("AboutPanelMask").
GetComponent<Button>();
22.
23.          AboutBtn.onClick.AddListener(AboutBtnClicked);
24.          AboutPanelMask.onClick.AddListener(AboutPanelMaskClicked);
25.      }
26.      void Start()
27.      {
28.          InitPanel();
29.      }
30.      void InitPanel()
31.      {
32.          AboutPanel.SetActive(false);
33.      }
34.      void Update()
35.      {
36.      }
37.      private void AboutBtnClicked()
38.      {
39.          AboutPanel.SetActive(true);
40.      }
41.      private void AboutPanelMaskClicked()
42.      {
43.          AboutPanel.SetActive(false);
44.      }
45. }
```

【程序代码说明】

第 9～13 行：声明 Button 对象和所要操作的对象。

第 17 行：获得 AboutButton 对象的 Button 组件，第 18～21 行作用与 17 行类似。

第 23～24 行：注册监听事件，不断查看是否产生点击事件。

第 26～33 行：初始化时，运行 InitPanel 方法，隐藏关于窗口。

第 37～40 行：当单击 AboutButton 按钮的时候显示关于窗口

第 41～44 行：单击黑色遮罩的任何地方即可关闭窗口。

———✦———— 知 识 总 结 ————✦———

 知识点一：UGUI 的 Text 控件

Text 控件用于显示文本，主要的属性有 Character、Paragraph、Color 等。

（1）Character：用于设置字属性。

- Font（字体）：用于设置字体。
- Font Style（字形）：用于设置字形，包含 Normal（正常）；Bold（粗体）；Italic（斜体）；Bold And Italic（粗体+斜体）。
- Font Size（字号）：用于设置字体大小。
- Line Spacing（行间距）：用于设置行间距。
- Rich Text：富文本。

（2）Paragraph：用于设置段落属性。

- Alignment（对齐）：前面三个按钮是水平方向（分别为左对齐、居中、右对齐），后面三个按钮是垂直方向（分别为顶对齐，居中，底对齐）。
- Horizontal Overflow：水平溢出。
- Wrap：当达到水平边界，文本将自动换行。
- Overflow：文本可以超出水平边界，继续显示。
- Vertical Overflow：垂直溢出。
- Truncate：文本不显示超出垂直边界的部分。
- Overflow：文本可以超出垂直边界，继续显示。

（3）Color：颜色。

（4）Material：材质。

知识点二：UGUI 的 Panel 控件

Panel 控件又叫面板，面板实际上就是一个容器，在其上可放置其他 UI 控件。当移动面板时，放在其中的 UI 控件就会跟随移动，这样可以更加合理与方便地移动与处理一组控件。一个功能完备的 UI 界面，往往会使用多个 Panel 容器，甚至使用 Panel 嵌套。当创建一个面板时，此面板会默认包含一个 Image 组件，其中，Source Image 用来设置面板的图像，Color 用来改变面板的颜色。

知识点三：按钮单击事件

```
public void AddListener(Events.UnityAction call);
public UI.Button.ButtonClickedEvent onClick;
```

按钮按下时触发 UnityEvent，释放按钮时调用添加的 UnityAction。AddListener 负责向 UnityEvent 添加事件侦听器。在 onClick 之前会调用 EventType.MouseDown and EventType.MouseUp。

下面给出常用的使用方法。

```
1.  using UnityEngine;
2.  using System.Collections;
3.  using UnityEngine.UI;
```

```
4.  using UnityEngine.Events;
5.
6.  public class ClickObject : MonoBehaviour
7.  {
8.      void Start ()
9.      {
10.         //获取按钮对象
11.         GameObject btnObj = GameObject.Find ("Canvas/Button");
12.         //获取按钮脚本组件
13.         Button btn = (Button) btnObj.GetComponent<Button>();
14.         //添加点击侦听
15.         btn.onClick.AddListener (onClick);
16.     }
17.     void onClick ()
18.     {
19.         Debug.Log ("click!");
20.     }
21. }
```

8.4　设置窗口

任务要求

本次任务主要是制作设置窗口，单击起始背景的 SetButton 按钮可以弹出设置窗口。设置窗口主要显示一个 Slider，为了突出显示该窗口，添加了一个黑色背景，遮盖后方内容，单击该黑色背景的任意位置可以关闭设置窗口。Slider 是用来进行音量调节的，音量值能够本地化保存。图 8-32 为设置窗口的效果，可以看到黑色遮罩虚化了后方内容，从而突出了设置窗口。

图 8-32　最终效果

通过完成任务：

● 学习 UGUI 中 Slider 的创建方法。

● 掌握数据本地化的实现方法。

（资源文件路径：Unity 3D/2D 移动开发实战教程\第 8 章\实例 3）

8.4.1　创建 SettingPanel

步骤 1　新建 SettingPanel

（1）在 Hierarchy 面板的 Canvas 上单击鼠标右键，选择 UI→Panel 命令创建一个 Panel。

（2）在新建的 Panel 上单击鼠标右键，选择 Rename 命令，将其重命名为 SettingPanel。

步骤 2　删除 Image 组件

选中 SettingPanel，在 Inspector 面板的 Image 组件上单击鼠标右键，选择 Remove Component 命令，将 Image 组件删掉，此 Panel 只作为一个容器来使用。

8.4.2　创建 SettingPanelMask

步骤 1　新建 SettingPanelMask

在 Hierarchy 面板中的 SettingPanel 对象上单击鼠标右键，选择 UI→Image 命令，创建一个 Image 对象。在新建的 Image 上单击鼠标右键，选择 Rename 命令，将其重命名为 SettingPanelMask。

步骤 2　设置 SettingPanelMask

（1）选中 SettingPanelMask，在 Inspector 面板中找到 Color 属性，将 R、G 和 B 均设置为 0，A 设置为 180。

（2）选中 SettingPanelMask，在 Inspector 面板中，将此黑色遮罩大小调整为 1920*1080，覆盖背景图片。

步骤 3　添加 Button 组件

选中 SettingPanelMask，在 Inspector 面板中单击 Add Component 按钮为其添加 Button 组件。这里将黑色遮罩创建成了一个大 Button，这样用户单击屏幕任意位置即可关闭此窗口。

8.4.3　创建 BG

步骤 1　为 BG 设置图片

（1）在 Hierarchy 面板的 SettingPanel 对象上单击鼠标右键，选择 UI→Image 命令，新建一个 Image 对象。

（2）在新建的 Image 上单击鼠标右键，选择 Rename 命令，将其重命名为 BG。

（3）选中 BG，在 Project 面板中找到 tongyongdadi1 图片，将其拖曳到 Inspector 面板的 Source Image 中，并调整到合适大小。

步骤 2 为 BG 创建内边框

（1）在 Hierarchy 面板中的 BG 对象上单击鼠标右键，选择 UI→Image 命令，新建一个 Image 对象。

（2）选中新建的 Image，在 Project 面板中找到 tongyongdadi2，将其拖曳到 Inspector 面板的 Source Image 中，并调整到合适大小。

8.4.4 添加图标

在 Hierarchy 面板的 SettingPanel 下的 BG 对象上单击鼠标右键，选择 UI→Image 命令，新建一个 Image 对象。选中新建的 Image(1)对象，在 Project 面板中找到 yinyue 图片，将其拖曳到 Inspector 面板的 Source Image 中，并调整大小，如图 8-33 所示。

图 8-33　添加图标

8.4.5 创建 Slider

步骤 1 新建 Slider

在 Hierarchy 面板的 SettingPanel 下的 BG 对象上单击鼠标右键，选择 UI→Slider 命令，创建一个 Slider 对象，并调整大小。

步骤 2 设置 Slider

（1）在 Hierarchy 面板中选择新创建的 Slider 对象下方的 Background 子对象，如图 8-34 所示。在 Project 面板中找到 yinliangtiaodi，将其拖曳到 Inspector 面板的 Source Image 中。

（2）在 Hierarchy 面板中选择新创建的 Slider 对象下方的 Fill 子对象，在 Project 面板中找到 yinliangtiao，将其拖曳到 Inspector 面板的 Source Image 中。

（3）在 Hierarchy 面板中选择新创建的 Slider 对象下方的 Handle 子对象，在 Project 面板中找到 ladonganniu，将其拖曳到 Inspector 面板的 Source Image 中，并调整大小。

8.4.6　修改脚本

修改 StartUI.cs，使得单击起始背景的设置按钮可以弹出设置窗口。

图 8-34　创建 Slider

```
1.  using System.Collections;
2.  using System.Collections.Generic;
3.  using UnityEngine;
4.  using UnityEngine.UI;
5.  using UnityEngine.SceneManagement;
6.
7.  public class StartUI : MonoBehaviour
8.  {
9.      private Button AboutBtn;
10.     private Button StartBtn;
11.     private Button SetButton;
12.
13.     private GameObject SettingPanel;
14.     private Button SettingMask;
15.     private Slider soundSlider;
16.
17.     private GameObject AboutPanel;
18.     private Button AboutPanelMask;
19.
20.     private void Awake ()
21.     {
22.         AboutBtn = GameObject.Find ("AboutButton").GetComponent
<Button> ();
23.         StartBtn = GameObject.Find ("StartButton").GetComponent
<Button> ();
24.         SetButton = GameObject.Find ("SetButton").GetComponent
<Button> ();
25.
26.         SettingPanel = GameObject.Find ("SettingPanel");
27.         SettingMask = GameObject.Find ("SettingPanelMask")
.GetComponent <Button> ();
28.         soundSlider = GameObject.Find ("Slider").GetComponent
<Slider> ();
29.
30.         AboutPanel = GameObject.Find ("AboutPanel");
31.         AboutPanelMask = GameObject.Find ("AboutPanelMask").
```

```
GetComponent <Button> ();
   32.
   33.           AboutBtn.onClick.AddListener (AboutBtnClicked);
   34.           AboutPanelMask.onClick.AddListener (AboutPanel
MaskClicked);
   35.           SetButton.onClick.AddListener (SetBtnClicked);
   36.           SettingMask.onClick.AddListener (SetPanelMaskClicked);
   37.       }
   38.
   39.     void Start ()
   40.     {
   41.     InitPanel ();
   42.     }
   43.
   44.     void InitPanel ()
   45.     {
   46.         soundSlider.value = 1;
   47.
   48.         AboutPanel.SetActive (false);
   49.         SettingPanel.SetActive (false);
   50.     }
   51.
   52.     void Update ()
   53.     {
   54.     }
   55.
   56.     private void AboutBtnClicked ()
   57.     {
   58.         AboutPanel.SetActive (true);
   59.     }
   60.
   61.     private void AboutPanelMaskClicked ()
   62.     {
   63.         AboutPanel.SetActive (false);
   64.     }
   65.
   66.     private void SetBtnClicked ()
   67.     {
   68.         SettingPanel.SetActive (true);
   69.     }
   70.
   71.     private void SetPanelMaskClicked ()
   72.     {
```

```
73.            SettingPanel.SetActive (false);
74.      }
75. }
```

【程序代码说明】

第 13～15 行：声明对象。

第 26～28 行：分别获得 SettingPanel 对象、SettingPanelMask 的 Button 组件和 Slider 对象的 Slider 组件。

第 35～36 行：为 SetButton 和 SettingMask 注册 onClick 事件。

第 46 行：初始化对象，默认将 Slider 调整为最大值 1。

第 49 行：程序运行以后设置窗口是关闭的。

第 66～69 行：显示设置窗口。

第 71～74 行：隐藏设置窗口。

8.4.7 设置音量

步骤 1 创建 Resources 文件夹

在 Asset 目录中创建一个 Resources 的文件夹，后期就可以使用 Resources.Load 的方式在运行时加载资源。

步骤 2 复制音频文件

创建好文件夹后，将准备好的音频文件 login.mp3 复制到 Resources 文件夹中。

步骤 3 创建 Audiosource

在 Hierarchy 面板中单击鼠标右键，选择 Audio→Audio Source 命令，创建一个 AudioSource 对象，将其重命名为 Audiosource。

步骤 4 编写脚本

在 Project 面板空白处单击鼠标右键，选择 Create→C# Script 命令，创建脚本文件，并命名为 GameConst.cs。双击 GameConst.cs 文件，进入脚本编辑器编写程序。

```
1.  using System.Collections;
2.  using System.Collections.Generic;
3.  using UnityEngine;
4.  public class GameConst
5.  {
6.      public enum PlayerPrefsStr
7.      {
8.          soundValue,
9.      }
10. }
```

步骤 5 修改脚本

修改 StartUI.cs 脚本，使得 Slider 可以控制音量。

（1）在 StartUI.cs 中添加私有成员 AS。

```
1.  private AudioSource AS;
```

（2）在 Awake() 函数中添加以下语句。

```
1.  AS = GameObject.Find("Audiosource").GetComponent<AudioSource>();
2.  StartBtn.onClick.AddListener(StartBtnClicked);
```

（3）修改 void InitPanel()函数。

```
1.  void InitPanel()
2.  {
3.      if (PlayerPrefs.HasKey(GameConst.PlayerPrefsStr.soundValue.ToString()))
4.      {
5.          float vol = PlayerPrefs.GetFloat(GameConst.PlayerPrefsStr.sound Value.ToString());
6.          AS.volume = vol;
7.          soundSlider.value = vol;
8.      }
9.      else
10.     {
11.         AS.volume = 1;
12.         PlayerPrefs.SetFloat(GameConst.PlayerPrefsStr.soundValue.ToString(), 1);
13.         soundSlider.value = 1;
14.     }
15.
16.     soundSlider.onValueChanged.AddListener(delegate (float vol)
17.         {
18.             PlayerPrefs.SetFloat(GameConst.PlayerPrefsStr.soundValue.ToString(), vol);
19.             AS.volume = vol;
20.         });
21.
22.     AS.clip = Resources.Load("login") as AudioClip;
23.     AS.Play();
24.     SettingPanel.SetActive(false);
25.     AboutPanel.SetActive(false);
26. }
```

【程序代码说明】

第 3～14 行：表示如果 PlayerPrefs 中存有该键，则取出对应的值，并设置音量的值和滑动条的值；如果没有，则设置音量值为 1，滑动条的值为 1，并将 1 本地化保存。

第 16～17 行：表示只要手动拖曳滑动条，即将其值本地化保存，同时设置音频的音量。

第 22～23 行：表示加载音频并且播放。

（4）添加 private void StartBtnClicked()函数

```
1.  private void StartBtnClicked()
2.  {
3.      SceneManager.LoadScene("LoadScene");
4.  }
```

【程序代码说明】

第 1～4 行：表示单击起始背景的 StartButton 按钮，加载新场景 LoadScene。这里需要注意的是 LoadScene 场景必须已经存在，并且在 Build Setting 中已经添加了这个场景，才能够正确运行。

➤———— 知 识 总 结 ————◆

 知识点一：UGUI 的 Slider 控件

Slider（滑动条）是一个复合控件，Background 是背景；Fill Area 是填充区域，其子控件 Fill 中只有一个 Image(Script)专有组件；Handle Slice Area 中的子控件 Handle（手柄）中也只有一个 Image(Script)专有组件。

（1）Slider 特有属性

● Fill Rect（填充矩形）：滑块条对象的 Transform。

● Handle Rect（操作条矩形）：滑块对象的 Transform。

● Direction（方向）：滑动条的方向，可以从左到右、从右到左、从上到下、从下到上。

● Min Value（最小值）：滑动条的可变化最小值。

● Max Value（最大值）：滑动条的可变化最大值。

● Whole Numbers（变化值为整型）：勾选后滑动条只能整数控制。

● Value（值）：当前滑动条对应的值。

（2）Slider 事件监听

public UI.Slider.SliderEvent onValueChanged;每当滑块的数值由于拖动被改变时调用，使用方法如下。

```
1.  using UnityEngine;
2.  using System.Collections;
3.  using UnityEngine.UI;
4.  public class Example : MonoBehaviour
```

```
5.  {
6.      public Slider mainSlider;
7.      public void Start()
8.      {
9.          //Adds a listener to the main slider and invokes a method
when the value changes.
10.         mainSlider.onValueChanged.AddListener(delegate
{ValueChangeCheck(); });
11.     }
12.     // Invoked when the value of the slider changes.
13.     public void ValueChangeCheck()
14.     {
15.         Debug.Log(mainSlider.value);
16.     }
17. }
```

知识点二：数据本地保存

Unity 提供了一个用于持久化本地保存与读取的类——PlayerPrefs。工作原理非常简单，以键值对的形式将数据保存在文件中，然后程序可以根据这个名称取出上次保存的数值。

PlayerPrefs 类支持 3 种数据类型的保存和读取：浮点型、整型和字符串型。它是持久存储于设备上的，例如安卓，只要用户没有删除应用或者手动清除应用数据，PlayerPrefs 的数据就会一直保留。

PlayerPrefs 包含读和写两部分，刚好和 get 与 set 相对应，所以用 get 和 set 包装一下，PlayerPrefs 就可以当作普通变量来使用。

各种不同类型数据的读写分别对应的函数如下。

SetInt();保存整型数据。

GetInt();读取整型数据。

SetFloat();保存浮点型数据。

GetFlost();读取浮点型数据。

SetString();保存字符串型数据。

GetString();读取字符串型数据。

在 PlayerPrefs 类中还提供了如下功能。

PlayerPrefs.DeleteKey(key : string)删除指定数据。

PlayerPrefs.DeleteAll() 删除全部键。

PlayerPrefs.HasKey (key : string)判断数据是否存在的方法。

PlayerPrefs 存储数据时，其在 Windows 的存储路径是注册表，在 Windows 系统的"运行"窗口输入 regedit 可以打开注册表。数据存储于 HKEY_CURRENT_USER->Software -> CompanyName->ProjectName 中，其中的 CompanyName 和 ProjectName 可以在 Unity-> Edit->Project Settings->Player 中查看和设置。

8.5　动态鱼

任务要求

为了让起始界面变得生动有趣，在起始界面中显示一个动态鱼，单击它可以播放动画。本任务中调整摄像机的渲染模式，使其可以同时显示 UI 界面和 3D 模型。图 8-35 为动态鱼的效果，单击它可以播放动态鱼的动画。

图 8-35　最终效果

通过完成任务：

● 掌握碰撞器 Capsule Collider 的使用方法。
● 掌握摄像机的渲染模式。

（资源文件路径：Unity 3D/2D 移动开发实战教程\第 8 章\实例 4）

8.5.1　创建 Other

步骤 1 新建 Other

在 Hierarchy 面板中单击鼠标右键，选择 Create Empty 命令，创建一个 GameObject 对象。在新创建的 GameObject 对象上单击鼠标右键，选择 Rename 命令，为其重命名为 Other。

步骤 2 添加动态鱼

（1）在 Project 面板空白处单击鼠标右键，选择 Import Package→Custom Package 命令，导入本任务中需要的素材包，如图 8-36 所示。

（2）找到素材包中的 jianyu.fbx 模型，直接将其拖曳至 Hierarchy 面板的 Other 上，调整动态鱼的大小。

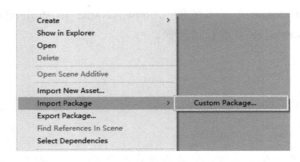

图 8-36　导入素材包

步骤 3 设置动态鱼

（1）在 Hierarchy 面板中选中 jianyu，在 Inspector 面板中将 Layer 改为 UI，如弹出 Change Layer 提示窗口，直接单击 Yes 按钮即可。

（2）从图 8-37 也可以看出来，动态鱼已经具备了 Animator 组件（如果 Animator 组件的 Controller 丢失，可以从 Project 面板查找动态鱼的控制器，找到后为 Controller 赋值），双击打开其对应的 Controller，可以发现动态鱼具有三个状态，如图 8-38 所示。

图 8-37　设置动态鱼

步骤 4 添加 Capsule Collider

在 Hierarchy 面板中选中动态鱼，为其添加 Capsule Collider 碰撞器，将 Direction 改为 X-Axis，并调整大小，修改 Radius 和 Height 的值，如图 8-39 所示。

8.5.2　设置摄像机

步骤 1 调整摄像机参数

在 Canvas 的 Inspector 面板中设置 Render Mode 为 Screen Space-Camera，设置 Render Camera 为 Main Camera，如图 8-40 所示。

步骤 2 调整对象位置

（1）注意调整动态鱼、UI 以及摄像机之间的位置，UI 中的大背景不要遮盖住动态鱼，如图 8-41 所示。

图 8-38　动态鱼的动画状态

图 8-39　添加 Capsule Collider

图 8-40　调整摄像机参数

图 8-41　调整对象位置

（2）如果调整为图 8-42 所示的位置，则照不到动态鱼。这个过程可以通过适当调整摄像机的参数、鱼模型的 Transform 属性以及 Canvas 对象的属性，使得摄像机照到全部，而且大小合适，层次正确，需要边调整边在 Game 面板预览。

8.5.3　编写脚本

在 Project 面板中单击鼠标右键，选择 Create→C# Script 命令，创建脚本文件，并命名为 PlayAni.cs。双击 PlayAni.cs 打开文件编写脚本。

将编写好的脚本挂在 Hierarchy 面板的 jianyu 对象上，运行软件，单击动态鱼可以看到播放动画的效果。

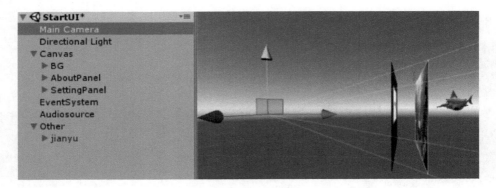

图 8-42　起始背景遮挡动态鱼

```
1.  using System.Collections;
2.  using System.Collections.Generic;
3.  using UnityEngine;
4.
5.  public class PlayAni : MonoBehaviour {
6.      private Animator ani;
7.      void Start () {
8.          ani = transform.GetComponent<Animator>();
9.      }
10.     void Update () {
11.         if (Input.GetMouseButtonDown(0)) {
12.             Ray ray = Camera.main.ScreenPointToRay(Input.
mousePosition);
13.             RaycastHit hit;
14.             if (Physics.Raycast(ray,out hit)) {
15.                 ani.Play("jump");
16.             }
17.         }
18.     }
19. }
```

【程序代码说明】

第 6 行：声明 Animator 对象。

第 8 行：获取当前对象的 Animator 组件。

第 11 行：判断用户是否按下鼠标左键。

第 12 行：生成射线 ray。

第 13 行：对于碰撞信息的存储。

第 14～16 行：判断射线有没有碰到碰撞器，如果碰到，播放对象的 jump 动画。

❖———— 知 识 总 结 ————❖

■ 知识点一：胶囊碰撞器

胶囊碰撞器由一个圆柱体连接两个半球体组成。胶囊碰撞器的半径和高度都可以单独调节，它在角色控制器（Character Controller）中使用，适用于柱状物，可以和其他碰撞器结合用于不规则的形状。

胶囊碰撞器的主要属性如下。

● Center：碰撞体在对象局部坐标空间中的位置。

● Radius：碰撞体局部坐标底面圆的半径。

● Height：碰撞体的总高度。

● Direction：对象局部坐标空间中胶囊纵向方向的轴。

■ 知识点二：渲染模式

1. Screen Space – Overlay

在此模式下不会参照到 Camera，UI 直接显示在任何图形之上。

● Pixel Perfect：可以使图像更清晰，但是有额外的性能开销，如果在有大量 UI 动画时，动画可能会不平顺。

● Sort Order：深度值，该值越高显示越前面。

2. Screen Space – Camera

使用一个 Camera 作为参照，将 UI 平面放置在 Camera 前的一定距离。因为是参照 Camera，如果屏幕大小、分辨率、Camera 视锥改变时 UI 平面会自动调整大小。如果 Scene 中的 GameObject 比 UI 平面更靠近摄像机，就会遮挡到 UI 平面。

● Render Camera：用于渲染的摄像机。

● Plane Distance：与 Camera 的距离。

● Sorting Layer：Canvas 属于的排序层，在 Edit->Project Setting->Tags and Layers->Sorting Layers 进行新增，越下方的层显示越靠前面。

● Order in Layer：Canvas 属于的排序层下的顺序，该值越高显示越靠前面。

3. World Space

把物体当作世界坐标中的平面（GameObject），也就是当作 3D 物件，显示 3D UI。

● Event Camera：处理 UI 事件（Click、Drag）的 Camera，所设定的 Camera 才能触发事件。

■ 知识点三：射线检测

射线是在三维世界中从一个点沿一个方向发射的一条无限长的线。在射线的轨迹上，一旦与添加了碰撞器的模型发生碰撞，将停止发射。我们可以利用射线实现子弹击中目标的检测以及鼠标单击拾取物体等功能。

1. Physics.Raycast

Physics.Raycast 可以理解为发射射线，常用形式如下。

public static bool Raycast(Ray ray, out RaycastHit hitInfo, float maxDistance);

- Ray：射线，就是以某个位置（origin）朝某个方向（direction）的一条射线。
- RaycastHit：用于存储射线碰撞到的第一个物体的信息，所以需要提前创建这个对象，用于碰撞信息的存储。
- maxDistance：这条射线的最大距离。
- out 关键字：参数通过引用来传递。这与 ref 关键字类似，不同之处在于 ref 要求变量必须在传递之前进行初始化。若要使用 out 参数，方法定义和调用方法都必须显式使用 out 关键字。

除了上述这种形式，Physics.Raycast 还有其他的形式，列表如下。

```
    public static bool Raycast(Ray ray, RaycastHit hitInfo, float distance,
int layerMask);
    public static bool Raycast(Ray ray, float distance, int layerMask);
    public static bool Raycast(Vector3 origin, Vector3 direction, float
distance, int layerMask);
    public static bool Raycast(Vector3 origin, Vector3 direction, RaycastHit,
float distance, int layerMask);
```

2. RaycastHit

RaycastHit 类用于存储发射射线后产生的碰撞信息，一般需要先声明了一个 RaycastHit 类型的变量 hitInfo。在 Physics.Raycast()方法后，hitInfo 这个变量就携带了射线碰撞到那个物体的一些信息。常用的成员变量如下。

- collider：与射线发生碰撞的碰撞器。
- distance：从射线起点到射线与碰撞器交点的距离。
- normal：射线射入平面的法向量。
- point：射线与碰撞器交点的坐标。

8.6 加载界面

任务要求

本次任务完成的加载界面，是从起始界面进入到展馆漫游时的一个过渡界面。需要使用 Slider 控件，Slider 控件是由滑块和滑动条组成的。在滑动过程中，Slider 控件可以计算滑动时所占滑动条的比例。最终效果如图 8-43 所示。

通过完成任务：

- 掌握场景加载的方法。

● 掌握 Slider 动态变化的方法。

（资源文件路径：Unity 3D/2D 移动开发实战教程\第 8 章\实例 5）

图 8-43   最终效果

8.6.1   创建背景

步骤① 新建场景

上一节已经完成了 3D 神秘海洋教育软件的起始界面，本节我们来制作加载界面。首先在已有的项目中新建一个场景，在新场景中制作加载界面。

步骤② 新建 Image 对象

（1）在 Hierarchy 面板中单击鼠标右键，选择 UI→Canvas 命令，新建一个 Canvas 对象。

（2）在新建的 Canvas 对象上单击鼠标右键，选择 UI→Image 命令，新建 Image 对象。

（3）选中新建的 Image 对象，在 Project 面板中找到 StartBG 图片，将其拖曳到 Inspector 面板的 Source Image 中，如图 8-44 所示。

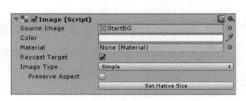

（4）在 Inspector 面板单击 Rect Transform 右上角的小齿轮，选择 Reset 选项，在 Image 选项区域中单击 Set Native Size 按钮，将图片设置成原始大小。

图 8-44   设置 Source Image

8.6.2   创建 LoadProgress

步骤① 创建 LoadProgress

在 Canvas 上单击鼠标右键，选择 UI→Slider 命令，创建一个 Slider 对象，并将其重命名为 LoadProgress，调整大小。

步骤② 设置 LoadProgress

（1）选择 LoadProgress 下的 Background，在 Project 面板中找到 yinliangtiaodi 图片，将其拖曳到 Inspector 面板的 Source Image 中。

（2）选择 LoadProgress 下的 Fill，在 Project 面板中找到 yinliangtiao 图片，将其拖曳到 Inspector 面板的 Source Image 中。

（3）因为加载界面不需要手动控制滑动条，所以删除 LoadProgress 下的 Handle Slider Area 对象。

步骤 3 创建 ProgressText

（1）在 LoadProgress 上单击鼠标右键，选择 UI→Text 命令，创建 Text 对象，并将其重命名为 ProgressText，如图 8-45 所示。

（2）在 Inspector 面板中将新建的 ProgressText 文本改为 100%，大小调为 50，并将其颜色设置为白色，移动到合适的位置，如图 8-46 所示。

图 8-45　创建"ProgressText"

图 8-46　设置文本

（3）保存场景并将场景命名为 LoadScene。

8.6.3　编写脚本

在 Project 面板空白处单击鼠标右键，选择 Create→C# Script 命令，创建脚本文件，并命名为 LoadScript.cs，双击 LoadScript.cs 打开文件编写脚本。

```
1.  using System.Collections;
2.  using System.Collections.Generic;
3.  using UnityEngine;
4.  using UnityEngine.UI;
5.  using UnityEditor.SceneManagement;
6.  public class LoadScript : MonoBehaviour {
7.      private Slider LoadProgress;
8.      private Text ProgressText;
9.      private float loadTime = 5;
10.     private float curTime = 0;
11.     private void Awake()
12.     {
13.         LoadProgress = this.transform.Find("LoadProgress").
```

```
GetComponent <Slider>();
     14.          ProgressText = GameObject.Find("ProgressText").
GetComponent <Text>();
     15.          LoadProgress.value = 0;
     16.      }
     17.      void Start () {
     18.      }
     19.      void Update () {
     20.          curTime += Time.deltaTime;
     21.          if (curTime >= loadTime) {
     22.              EditorSceneManager.LoadScene("Exhibition");
     23.          }
     24.          ProgressText.text = Mathf.Floor(curTime/5*100).
ToString()+"%";
     25.          LoadProgress.value = curTime / 5;
     26.      }
     27. }
```

【程序代码说明】

第 9 行：private float loadTime = 5;为总的加载时间。

第 10 行：private float curTime = 0;为当前时间。

第 11~16 行：获得 Slider 组件和 Text 组件，将 LoadProgress 的值设为 0。

第 20 行：更新 curTime 的值。

第 21~23 行：如果 curTime 大于或等于 loadTime，则载入场景 Exhibition。这里需要注意的是 Exhibition 场景必须已经存在，并且已经添加到 Build Setting 中，才能够正确运行，否则会发生错误，我们将在后续章节中创建 Exhibition 场景。

第 24 行：用 curTime 动态显示加载百分比。

第 25 行：用 curTime 动态控制进度条的值，进度条的 value 随着 curTime 的变化而变化。

知 识 总 结

Mathf 相关函数如下。

- static float Floor(float value)：用来返回小于或等于浮点数 value 的一个最大整数（注意：返回的是一个 falot 类型）。
- int FloorToInt(float value)：和 Floor 一样，只是返回的是一个 int 类型。
- float Ceil(float value)：用来返回大于或者等于浮点数 value 的一个最小整数（注意：返回的是一个 falot 类型）。
- int CeilToInt(float value)：和 Ceil 一样，只是返回的是一个 int 类型。
- float Round(float value)：返回四舍五入值（注意：返回的是一个 falot 类型）。

- int RoundToInt(float value)：和 Round 很像，只是返回值为 int 类型。
- float Pow(float f,float p)：返回 f 的 p 次方。

8.7 创建场景

任务要求

本次任务要在新场景中添加展馆，展馆中已经布置好各种海洋生物。另外添加了人物角色，利用键盘上的 W、S、A 和 D 键或者是 ↑、↓、← 和 → 键可以对该人物进行控制。创建的场景效果如图 8-47 所示。

图 8-47　最终效果

通过完成任务：

- 了解 Unity Standard Assets 的用法。
- 了解 Characters 的用法。

（资源文件路径：Unity 3D/2D 移动开发实战教程\第 8 章\实例 6）

8.7.1　创建展馆

步骤 1 新建场景

上一节已经完成了 3D 神秘海洋教育软件的加载界面，本节我们来制作展馆漫游。首先在已有的项目中新建一个场景，在新场景中进行后续制作。

步骤 2 添加展馆

双击打开素材文件夹中的 Exhibition.unitypackage，将其全部导入。将导入的 _geometry.prefab 添加到 Hierarchy 面板中，这是已经制作好的一个展览馆，展览馆共有两个展厅，在展览馆的柜台上已经放好了各种海洋生物模型。

8.7.2　创建 Me

步骤 1 导入素材

双击打开素材文件夹中的 Me.unitypackage,将其导入本项目。将导入的 ThirdPerson Controller.prefab 添加到 Hierarchy 面板中，如图 8-48 所示。这是 Unity 官方提供的资源。

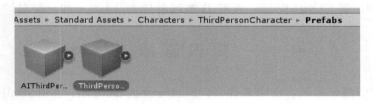

图 8-48　添加 ThirdPersonController.prefab

步骤② 添加 Me

单击选中刚刚拖入到 Hierarchy 面板中的 ThirdPersonController 对象，并单击鼠标右键选择 Rename 命令，将其重命名为 Me。

步骤③ 设置 Me

（1）选中 Me，在其 Inspector 面板中调整 Me 在展馆中的位置、大小以及方向（Position、Rotation 和 Scale），如图 8-49 所示。将 Me 移动到展厅入口的过道处，并面向展厅入口处，效果如图 8-50 所示。

图 8-49　设置 Me 的属性

图 8-50　Me 位于展厅的过道处

（2）修改右侧 Inspector 面板的 Third Person Character(Script)中的参数，将 Ground Check Distance 设置为 0.3、Jump Power 设置为 6，如图 8-51 所示。

图 8-51　设置 Third Person Character(Script)中的参数

步骤④ 操作 Me

（1）使用 Gameobject→Align with view 将选择的对象自动移动到当前视图并以当前视图为中心进行对齐，这样就将摄像机调整到 Me 的后面。

（2）现在利用键盘上的 W、S、A 和 D 键或者是↑、↓、←和→键对该人物进行控制。

◆◆—— 知 识 总 结 ——◆◆

Characters 资源包中包含三个文件夹：FirstPersonCharacter、RollerBall 和 ThirdPersonCharacter。其中 FirstPersonCharacter 文件夹提供第一人称控制器，ThirdPersonCharacter 文件夹提供第三人称角色控制器。

ThirdPersonCharacter 文件夹中的内容介绍如下。

（1）AIThirdPersonController 预制体：由 AI 控制的人物预设，自动朝特定目标行进。

（2）ThirdPersonController 预制体：通用的第三人称角色控制器。

（3）AICharacterControl 类：提供人物模型朝特定目标的自动寻路功能。

（4）ThirdPersonCharacter 类：提供对第三人称角色各项参数的设置功能。

- MovingTurnSpeed：运动中的转向速度。
- StationaryTurnSpeed：站立时的转向速度。
- JumpPower：起跳的力度。
- GravityMultiplier：重力影响的乘量因子。
- RunCycleLegOffset：奔跑状态下起跳时用于计算两腿前后相对位置的偏移参数。
- MoveSpeedMultiplier：移动速度的乘量因子。
- AnimSpeedMultiplier：移动动画的乘量因子。
- GroundCheckDistance：判断角色是否着地的检测距离。

（5）ThirdPersonUserControl 类：根据用户输入控制角色运动。

8.8 进入展厅

任务要求

在上述任务中将 Me 放置在展厅的过道处，并且可以对 Me 进行操作。但展厅入口处的大门是关闭的。本次任务将添加开门动画，当 Me 走到门口的时候，控制门自动打开，弹出欢迎界面，并播放背景音乐，效果如图 8-52 所示。

通过完成任务：

- 掌握制作开门动画的技巧。
- 利用触发器实现自动开门的效果，深入理解触发器的作用。
- 进一步熟悉 UI 界面的制作与显示。

● 进一步熟悉音频的操作与控制。

（资源文件路径：Unity 3D/2D 移动开发实战教程\第 8 章\实例 7）

图 8-52　最终效果

8.8.1　制作开门动画

步骤 1　为 wall_11（1）创建动画

（1）门对象属于 wall_11(1)的子对象，选中 Hiererchy 面板中的_geometry→walls→wall_11(1)对象，接下来按 Ctrl+6 组合键打开 Animation 窗口。

（2）在 Animation 窗口单击 Create 按钮，选择路径并保存动画为 OpenDoor.anim。

步骤 2　为 door_1 制作开门动画

（1）单击 Animation 窗口中的 Add Property 按钮，找到 door→door_1，展开 Transform→Rotation，单击 Rotation 右边的加号，自动添加关键帧。

（2）将红色的播放线拖动到时间线的最右端，选择 Rotation.y 最右侧的关键帧，然后将值调整为-90，制作开门动画。

（3）将 Samples 的值改为 30，使得动画播放速度变慢，door_1 动画的最终设置如图 8-53 所示。

图 8-53　制作开门动画

步骤 3　设置动画不循环播放

此时运行软件会发现不停播放开门动画。在 Project 面板的 Assets 中，选中刚刚创建的 OpenDoor.anim 动画文件，在 Inspector 面板中取消勾选 Loop Time 复选框，这样开门动画只播放一次。

8.8.2 触发动画进入展厅

上面制作的开门动画，程序一运行就会自动播放。下面制作当人物走到门前时才自动触发开门动画，门开后 Me 就可以进入展厅了。

步骤 1 创建 Cube

（1）选中 Hiererchy 面板中的_geometry→walls→wall_11(1)对象。

（2）在菜单栏中选择 GameObject→3D Object→Cube 命令，如图 8-54 所示。为 wall_11(1)创建一个子对象 Cube。

步骤 2 设置 Cube

（1）选中 Cube，在右侧的 Inspector 面板中找到 Transform，修改其中的 Position 与 Scale 的值，并调整到合适的大小和位置，如图 8-55 所示。

图 8-54　创建 Cube　　　　　图 8-55　调整 Cube 的大小和位置

（2）选中 Cube，在 Inspector 面板中找到 Box Collider，选中 Is Trigger，当人物碰到 Cube 的时候即播放开门动画，门开后人物可以进入展厅。

（3）不需要显示该 Cube，因此要取消 Mesh Renderer 复选框的勾选，如图 8-56 所示。

步骤 3 设置动画

（1）选中 Hiererchy 面板中的 wall_11(1)，选择菜单栏中的 Window→Animator 命令，打开 Animator 面板。

（2）在 Animator 窗口中单击鼠标右键，选择 Create State→Empty 命令，创建一个空状态，将其名称改为 none，如图 8-57 所示。

（3）设置动画状态机，如图 8-58 所示。

（4）在 Animation 面板中添加 int 型的参数 state。然后单击 none 和 OpenDoor 中间的连线，在右侧 Inspector 面板的 Conditions 中，设置从 none 状态转换到 OpenDoor 状态的条件，如图 8-59 所示。现在运行软件，会发现门已经不会自动打开，后续通过添加脚本，在脚本中实现 Me 走到门前时自动触发开门动画的效果。

步骤 4 创建脚本

图 8-56 设置 Cube

图 8-57 创建 none

图 8-58 设置动画状态

图 8-59 设置状态转换条件

在 Project 面板中创建脚本文件 DoorTrigger.cs，双击 DoorTrigger.cs 文件并编写脚本。

```
1.  using System.Collections;
2.  using System.Collections.Generic;
3.  using UnityEngine;
4.  using UnityEngine.UI;
5.  public class DoorTrigger : MonoBehaviour
6.  {
7.      public Animator ani;
8.      void Start()
9.      {        }
10.     void Update()
11.     {        }
12.     public void OnTriggerEnter(Collider other)
13.     {
14.         ani.Play("OpenDoor");
15.     }
16. }
```

【程序代码说明】

第 7 行：声明动画对象。

第 12～15 行：触发动画的函数，其中第 14 行表示播放动画 OpenDoor。

步骤⑤ 添加脚本组件

（1）将编写好的脚本 DoorTrigger.cs 拖曳到左侧 Hiererchy 面板中的 Cube 对象上。

（2）选中 Cube，找到右侧 Inspector 面板中的 DoorTrigger 脚本组件，将 Hiererchy 面板中的 wall_11(1)对象拖曳到 Ani 里，为其赋值，如图 8-60 所示。

图 8-60　为 Ani 赋值

（3）预览效果，可以看到当 Me 走到门口的时候，门自动打开，这样就可以进入展厅了。

8.8.3　弹出欢迎界面

欢迎界面的效果如图 8-61 所示。欢迎界面的 UI 结构如图 8-62 所示。该 UI 最底层是一个 Panel 容器，将其自带的 Image 删除；在 Panel 下包含一个 Image 对象，重命名为 Mask，为其添加 Button 组件；Panel 还包含一个 Image 对象，命名为 BG；在 BG 中包含一个 Image 和一个 Text 文本。

图 8-61　欢迎界面

图 8-62　欢迎界面 UI 框架结构

步骤① 创建 Panel

（1）在 Hierarchy 面板空白处单击鼠标右键，选择 UI→Canvas 命令，创建 Canvas。

（2）选中刚刚创建的 Canvas，在 Inspector 面板中，将 Layer 的值改为 UI，如图 8-63 所示。

（3）在 Hierarchy 面板的 Canvas 对象上单击鼠标右键，选择 UI→Panel 命令，为 Canvas 创建子对象。

（4）将刚刚创建的 Panel 重命名为 WelComePanel。

（5）选中 WelComePanel 对象，在右侧 Inspector 面板的 Image 组件上单击鼠标右键，选择 Remove Component 命令，将 Image 组件删除。

步骤 2 创建 Mask

（1）在 Hierarchy 面板的 WelComePanel 对象上单击鼠标右键，选中 UI→Image 命令，创建 Image 对象，并将其重命名为 Mask。

（2）选中 Mask，并在右侧的 Inspector 面板中找到 Color，单击 Color 后面的方框调整颜色，将 R、G 和 B 均设置为 0，A 设置为 180，如图 8-64 所示。

图 8-63　设置 Layer

图 8-64　设置 Mask 的颜色和透明度

（3）选中 Mask，并在右侧的 Inspector 面板中找到其中的 Rect Transform 并调整其大小，将 Width 的值设为 1920，将 Height 的值设为 1080。

（4）单击 Inspector 面板中的 Add Component 按钮，为 Mask 添加 Button 组件。

步骤 3 创建 BG

（1）在 Hierarchy 面板的 WelComePanel 对象上单击鼠标右键，选择 UI→Image 命令，创建 Image 对象，并将其重命名为 BG。

（2）选中 BG，在 Project 面板中找到 tongyongdadi1，将其拖曳到右侧 Inspector 面板中 Image（Script）组件的 Source Image 中，并调整大小，如图 8-65 所示。

图 8-65　设置外边框

步骤 ④ 创建内边框

（1）在 Hierarchy 面板的 BG 对象上单击鼠标右键，选择 UI→Image 命令，创建 Image 对象。

（2）选中刚刚创建的 Image 对象，在 Project 面板中找到 tongyongdadi2，将其拖曳到右侧 Inspector 面板中 Image（Script）组件的 Source Image 中，并调整大小，如图 8-66 所示。

图 8-66　设置内边框

步骤 ⑤ 创建文本

（1）在 Hierarchy 面板的 Image 上单击鼠标右键，选择 UI→Text 命令，创建文本。

（2）在 Inspector 面板中将 Text 文本改为"欢迎来到海洋生物馆！"，将 Font Size 设置为 50。

步骤 ⑥ 修改脚本

修改脚本 DoorTrigger.cs，使得人物进入展馆的时候弹出一个欢迎界面，单击欢迎界面的黑色外框可以关掉窗口。

```
1.  public Animator ani;
2.  public GameObject WelComePanel;
3.  public Button mask;
4.  void Start ()
5.  {
6.      WelComePanel = GameObject.Find("WelComePanel");
7.      WelComePanel.SetActive(false);
8.      mask =functions.AdvancedFindChild (WelComePanel.transform,
"Mask").GetComponent<Button> ();
9.      mask.onClick.AddListener(delegate() { WelComePanel.
```

```
SetActive(false);});
    10. }
    11.
    12. public void OnTriggerEnter (Collider other)
    13. {
    14.     ani.Play ("OpenDoor");
    15.     WelComePanel.SetActive(true);
    16. }
    17. ……
```

【程序代码说明】

第 6~7 行：初始化 WelComePanel 对象，并将其隐藏。

第 8 行：初始化 mask 对象，functions.AdvancedFindChild 方法是在素材文件中提供的，也可以通过这种方法获取对象。

第 9 行：为 mask 对象注册单击事件，当用户单击欢迎界面任意位置时，将其窗口关闭。

第 15 行：显示欢迎界面。

8.8.4 播放音频

步骤① 建立 Audio Source 组件

（1）在 Hierarchy 面板的空白处单击鼠标右键，选择 Audio→Audio Source 命令，创建对象，将其重命名为 WelcomeSound。

（2）将音频文件 Login.mp3 直接拖曳到 WelcomeSound 的 Audio Clip 中，如图 8-67 所示。

图 8-67 设置音频

步骤 ② 修改脚本

修改 DoorTrigger.cs 脚本，使得弹出欢迎界面的时候同时播放背景音乐。

```
1.  public class DoorTrigger : MonoBehaviour
2.  {
3.      public AudioSource AS;
4.      void Start ()
5.      {    ......
6.          AS = GameObject.Find("WelcomeSound").GetComponent
<AudioSource>();
7.          AS.Stop();
8.      }
9.      public void OnTriggerEnter (Collider other)
10.     {    ......
11.         AS.Play();
12.     }
13. }
```

【程序代码说明】

第 3 行：声明 AudioSource 对象 AS。

第 6～7 行：初始化 AS 对象，并停止播放音乐。

第 11 行：开始播放音乐。

知 识 总 结

要产生碰撞必须为对象添加刚体（Rigidbody）和碰撞器，刚体可以让物体在物理影响下运动。碰撞体是物理组件的一类，它要与刚体一起添加到游戏对象上才能触发碰撞。如果两个刚体相互撞在一起，除非两个对象有碰撞体时物理引擎才会计算碰撞，在物理模拟中，没有碰撞体的刚体会彼此相互穿过。

物体发生碰撞的必要条件：两个物体都必须带有碰撞器（Collider），其中一个物体还必须带有 Rigidbody 刚体。在 Unity 中，能检测碰撞发生的方式有两种，一种是利用碰撞器，另一种则是利用触发器。

碰撞器：包含了很多种类，比如：Box Collider（盒碰撞体）、Mesh Collider（网格碰撞体）等，这些碰撞器应用的场合不同，但都必须加到 GameObjecet 身上。

触发器：只需要在 Inspector 面板的碰撞器组件中勾选 IsTrigger 复选框。如果既要检测到物体的接触又不想让碰撞检测影响物体移动或要检测一个物件是否经过空间中的某个区域，这时就可以用到触发器。

碰撞器是触发器的载体，而触发器只是碰撞器的一个属性，当 Is Trigger=false 时，碰撞器根据物理引擎引发碰撞，产生碰撞的效果，可以调用 OnCollisionEnter/Stay/Exit 函数；当 Is Trigger=true 时，碰撞器被物理引擎所忽略，没有碰撞效果，可以调用 OnTriggerEnter/

Stay/Exit 函数。

8.9 摄像机跟随

任务要求

当玩家 Me 进入展厅漫游的时候，摄像机需要跟随 Me 进行移动和旋转等操作。图 8-68 为摄像机跟随 Me 进入了展厅。

图 8-68 最终效果

通过完成任务：

- 了解 Unity 脚本生命周期中不同函数的区别。
- 掌握摄像机跟随的实现方法。

（资源文件路径：Unity 3D/2D 移动开发实战教程\第 8 章\实例 8）

步骤 ① 创建程序

在 Project 面板中创建脚本文件 CameraFollow.cs，双击 CameraFollow.cs 文件并编写脚本。

```
1.  using System.Collections;
2.  using System.Collections.Generic;
3.  using UnityEngine;
4.  public class CameraFollow : MonoBehaviour
5.  {
6.      public Transform follow;
7.      public float distanceAway = 5.0f;
8.      public float distanceUp = 2.0f;
9.      public float smooth = 1.0f;
10.
11.     private Vector3 camPosition;
12.     void LateUpdate()
13.     {
```

```
14.        camPosition = follow.position + Vector3.up * distanceUp -
follow.forward * distanceAway;
15.        transform.position = Vector3.Lerp(transform.position,
camPosition, smooth * Time.deltaTime);
16.        transform.LookAt(follow);
17.    }
18. }
```

【程序代码说明】

第 6 行：定义跟随的目标对象 follow。

第 7 行：变量 distanceAway 为相机在目标对象后方的距离。

第 8 行：变量 distanceUp 为相机在目标对象上方的高度。

第 9 行：变量 smooth 为插值系数（平滑程度）。

第 11 行：camPosition 为摄像机的目标位置。

第 15 行：设置摄像机的当前位置。

第 16 行：保持摄像机始终在看向目标。摄像机的操作有两种：一是移动，即跟随 follow 对象移动；二是注视，在跟随过程中需要注视跟随对象。

步骤 2 添加脚本组件

（1）将创建的 CameraFollow.cs 脚本拖曳到 Hiererchy 面板中 Main Camera 对象上。

（2）选中 Main Camera 对象，将 Hiererchy 面板中的 Me 拖曳到右侧 Inspector 面板 Camera Follow（Script）组件的 Follow 栏中，使摄像机跟随玩家 Me，如图 8-69 所示。

图 8-69　添加脚本组件

（3）运行软件预览，可以看到摄像机跟随对象移动的效果。

知 识 总 结

 知识点一：Update()、FixedUpdate()和 LateUpdate()的区别

当 MonoBehaviour 启用时，它们在每一帧被调用，调用顺序如图 8-70 所示。

（1）Update()每一帧的时间不固定，即第一帧与第二帧的时间 t1 和第三帧与第四帧的时间 t2 不一定相同。

（2）FixedUpdate()每帧与每帧之间相差的时间是固定的。

（3）LateUpdate()是在所有 Update()函数调用后被调用，可用于调整脚本执行顺序。例如：当物体在 Update()里移动时，跟随物体的相机可以在 LateUpdate()里实现。Unity 后台主线程将 Update()、LateUpdate()制作成两个多线程，先去执行 Update()的线程，等 Update()执行完毕后再去执行 LateUpdate()线程。

图 8-70　生命周期示意图

　知识点二：Vector3

Verctor3：就是三维向量，一个三维向量会有三个分量，分别是 X、Y 和 Z。

Vector3.up：表示世界坐标系中 Y 轴正方向上的单位向量（X = 0,Y = 1, Z = 0）。

Vector3.down：表示世界坐标系中 Y 轴负方向上的单位向量（X = 0,Y = −1, Z = 0）。

Vector3.left：表示世界坐标系中 X 轴负方向上的单位向量（X = −1,Y = 0, Z = 0）。

Vector3.right：表示世界坐标系中 X 轴正方向上的单位向量（X = 1,Y = 0, Z = 0）。

Vector3.forward：表示世界坐标系中 Z 轴正方向上的单位向量（X = 0,Y = 0, Z = 1）。

Vector3.back：表示世界坐标系中 Z 轴负方向上的单位向量（X = 0,Y = 0, Z = −1）。

知识点三：LookAt()

其定义在 UnityEngine.Transform 类中，该函数的两种形式如下。

```
transform.LookAt(new Vector3(1,1,1));
```

使对象看向该坐标点[游戏对象的 z 轴指向（1，1，1）点]。

```
transform.LookAt(gameobject.transform);
```

使对象看向 gameobject。

知识点四：插值函数

在 Unity 中经常用线性插值函数 Lerp()在两者之间插值，两者之间可以是两个材质之间、两个向量之间、两个浮点数之间、两个颜色之间。

其函数原型如下：

```
static function Lerp (from : Vector3, to : Vector3, t : float) : Vector3
```

其中 from 是起始的位置，to 是目标位置，按照数字 t 在 from 到 to 之间插值。

对象的位置=from+（from-to）*t。

本例中的插值可以让跟随动作更加圆滑，为其添加一个缓冲的效果。

8.10　NPC 寻路

任务要求

本次任务要创建 NPC（Non-Player Character），并为 NPC 创建路点，NPC 从一个路点移动到另一个路点，沿着闭合的路线自动行走，效果如图 8-71 所示。

图 8-71　最终效果

通过完成任务：

● 掌握创建路点的方法。

● 掌握自动寻路的方法。

（资源文件路径：Unity 3D/2D 移动开发实战教程\第 8 章\实例 9）

8.10.1　创建路点

步骤 1　创建 AiNpc

（1）双击打开素材文件夹中的 AiNpc.unitypackage 文件，将包含的内容全部导入项目中。这是一个 NPC，已经被设置好位置，放置在展厅一角。

（2）运行软件进行预览，可以看到 NPC 朝正对的方向直直地往前走。

步骤 2　创建 wayPoints

下面添加路点，并让 NPC 沿着路点移动。在 Hiererchy 面板中的空白处单击鼠标右键，选择 Create Empty 命令，创建一个空对象，并将其重命名为 wayPoints。

步骤 3　创建子对象

（1）在 Hiererchy 面板的 wayPoints 对象上单击鼠标右键，选择 Create Empty 命令，为其创建子对象，并将其重命名为 Point1。在 Inspector 面板中修改 Transform 中 Position 的值。

（2）将 Point1 进行复制 5 份，如图 8-72 所示。并在 Inspector 面板中修改每个路点的位置。

（3）为了让这些路点在场景中能显示出来，在 Hiererchy 面板中选中路点后，在 Inspector 面板中可以单击名称前面的色块，如图 8-73 所示。

图 8-72　创建路点　　　　　　　　　　图 8-73　选择色块

（4）在弹出的下拉菜单中可以选择一种颜色，设置的路线效果如图 8-74 所示。

步骤 4　创建程序

（1）创建脚本文件并命名为 WayPoint.cs，双击 WayPoint.cs 打开文件并进行编写。

```
1.  using UnityEngine;
2.  using System.Collections;
```

```
3.   public class WayPoint : MonoBehaviour {
4.       public WayPoint nextWayPoint;
5.       void OnDrawGizmosSelected()
6.       {
7.           if (nextWayPoint == null) return;
8.           Gizmos.color = Color.green;
9.           Gizmos.DrawLine(transform.position,nextWayPoint.
transform.position);
10.      }
11. }
```

【程序代码说明】

第 4 行：声明 WayPoint 对象。

第 7~9 行：如果下一个路点不为空，则从当前路点到下一个路点绘制一条绿色的线。

图 8-74　路点效果

（2）将 WayPoint.cs 分别拖曳到 Hiererchy 面板中的 Point1、Point1（1）、Point1（2）、Point1（3）、Point1（4）和 Point1（5）上，为各个路点添加脚本组件。

（3）选中一个路点，设置该路点的下一个路点，如选中 Point1，设置它的下一个路点是 Point1（1），同样的方法设置其他路点，如图 8-75 所示。注意最终的路线是一个闭合的路线，也就是最后一个路点的下一个路点是第一个路点，这样 NPC 就可以沿着路线在展馆中自由行走。

图 8-75　设置 Point1 的下一个路点

（4）选中 Hiererchy 面板中的 wayPoints 对象，在 Scene 面板中就可以看到一条绿色的封闭曲线，NPC 就是沿着这条线进行寻路。

8.10.2　自动寻路

步骤 ① 创建脚本

创建脚本文件，并命名为 TestAI.cs，双击 TestAI.cs 打开文件并进行编写。

```
1.   using UnityEngine;
2.   using System.Collections;
3.   public class TestAI : MonoBehaviour
4.   {
5.     public float thinkTime;
6.     public float moveSpeed;
7.     public WayPoint currentPoint;
8.     private Animator Ani;
9.     void Start()
10.    {
11.      Ani = transform.GetComponent<Animator>();
12.      /*WayPoint[] points = FindObjectsOfType<WayPoint>();
13.      for (int index = 0; index < points.Length; index++)
14.      {
15.        if (index == points.Length - 1)
16.          points[index].nextWayPoint = points[0];
17.        else
18.          points[index].nextWayPoint = points[index + 1];
19.      }
20.      currentPoint = points[0];*/
21.      StartAI();
22.    }
23.    public void StartAI()
24.    {
25.      StartCoroutine(MoveLogic());
26.    }
27.    IEnumerator MoveLogic()
28.    {
29.      while (true)
30.      {
31.        if (checkDis(transform.position, currentPoint.transform.
position) < 0.5f)
32.        {
33.          currentPoint = currentPoint.nextWayPoint;
```

```
34.          yield return StartCoroutine(ThinkLogic());
35.        }
36.        Ani.Play("walk");
37.        Vector3 lookDir = currentPoint.transform.position -
transform. position;
38.        lookDir.y = 0;
39.        transform.rotation = Quaternion.LookRotation(lookDir);
40.        transform.Translate(moveSpeed * Time.deltaTime * Vector3.
forward, Space.Self);
41.        yield return new WaitForEndOfFrame();
42.      }
43.    }
44.    IEnumerator ThinkLogic()
45.    {
46.     Ani.Play("Idle");
47.     float currentTime = 0f;
48.     while (true)
49.     {
50.       if (currentTime >= thinkTime)
51.       {
52.         yield break;
53.       }
54.       currentTime += Time.deltaTime;
55.       yield return new WaitForEndOfFrame();
56.     }
57.    }
58.    public float checkDis(Vector3 from, Vector3 to)
59.    {
60.     Vector3 dis = from - to;
61.     dis.y = 0;
62.     return dis.magnitude;
63.    }
64. }
```

【程序代码说明】

第 5～7 行：定义思考时间、移动速度和目标路点。

第 12～20 行：自动获取所有的路点，存放在 points 数组中，并且将 points[0]设置为目标路点，前面已经手工设置过所有路点，可以将该段代码注释掉。

第 25 行：启动协程。

第 27～43 行：控制 NPC 的移动，判断当前位置和目标位置的距离是不是小于 0.5，如果小于 0.5，更新目标位置为下一个路点；否则朝向目标位置，并且移动到目标位置。transform.Translate(Vector3.forward*Time.deltaTime*速度,Space.Self)物体会朝着自己的 Z

轴方向移动。如果第二个参数改成 Space.World，物体会沿着世界坐标轴的 Z 轴移动。

第 44~57 行：控制 NPC 处于 Idle 状态，并且大于思考时间后退出该状态。

第 58~63 行：计算两点之间的距离，即用 Vector3.magnitude 返回向量的长度。

步骤 2 设置参数

将该脚本添加到 AiNpc 上，在 Inspect 面板中设置 NPC 的思考时间和运行速度，并且将第一个路点拖曳到 Current Point 栏中，如图 8-76 所示。

图 8-76　设置 AiNpc

步骤 3 运行预览

现在运行软件进行预览，就可以看到 NPC 沿着封闭曲线自动寻路。

知 识 总 结

知识点一：Gizmos 类

可视化辅助类 Gizmos 用于在场景中给出一个可视化的调试或辅助设置。所有的 Gizmos 绘制都必须在脚本的 OnDrawGizmos 或 OnDrawGizmosSelected 函数中完成。

OnDrawGizmosSelected()在每一帧都被调用。

OnDrawGizmosSelected()仅在脚本所附加的物体被选中时调用。

知识点二：协程

协程不是线程：Unity 协程有点像线程，但却不是线程，因为协程仍然是在主线程中执行，且在使用时不用考虑同步与锁的问题。

协程不同于函数：一个函数只有一个返回点，函数的调用者调用一次后，函数的生命周期就结束了。

协程的用处：协程的真正用途是分步做一个比较耗时的事情，比如游戏里面的加载资源。

Unity 在每一帧（Frame）都会去处理对象上的协程。Unity 主要是在 Update 后去处理协程（检查协程的条件是否满足），协程跟 Update()其实一样的，都是 Unity 每帧都会去处理的函数。

（1）启动协程

形式一

```
StartCoroutine(CustomCorutineFn());
```

```
        StartCoroutine(CustomCorutineFn(7));              //向方法中传递参数
```

形式二

```
        StartCoroutine("CustomCorutineFn");
        StartCoroutine("CustomCorutineFn",7);              //向方法中传递参数
```

其中 CustomCorutineFn 必须是一个函数式迭代器，这个函数可以有参数，但是参数不能是 ref 和 out 类型的，即函数形式如：public IEnumerator CustomCorutineFn (){}。

（2）结束协程

```
        StopCoroutine("CustomCorutineFn")
        StopAllCoroutines()停止当前脚本下的所有协程
```

（3）协程中有多种等待方式（协程的返回类型）

```
        yield return WaitForSeconds
        yield return WaitForFixedUpdate
        yield return WaitForEndOfFrame
        yield return new WaitForEndOfFrame()：会被安排到 GUI 渲染之后
        yield return  Coroutine
        yield return StartCoroutine(MyRun2)：会挂起父协程，等待子协程执行完毕才会恢
```
复父协程的执行。

知识点三：Find 对象

static GameObject Find (string name) 传入的 name 可以是单个对象的名字，也可以是层次面板中的一个路径名，如果找到会返回该对象(活动的)，如果找不到就返回 null。

static GameObject FindWithTag (string tag) 返回一个用 tag 做标识的活动的对象，如果没有找到则为 null。

static GameObject[] FindGameObjectsWithTag (string tag)返回一个用 tag 做标识的活动的游戏物体的列表，如果没有找到则为 null。

static Object FindObjectOfType(Type type)返回类型为 type 的活动的第一个游戏对象。

static Object FindObjectsOfType(Type type)返回类型为 type 的所有的活动的游戏对象列表。

8.11　人物和 NPC 的交互

任务要求

NPC 有两种行为逻辑：一是自由在展馆中寻路行走；二是遇到人物的时候会停下来打招呼，显示"你好！"。需要同时不停检测人物的状态，在人物附近的话会停止行走，面向

人物。当人物出了一定范围，NPC 又开始沿着路点进行寻路。本任务完成 NPC 和 Me 相遇时，NPC 和 Me 打招呼，打招呼的 UI 就是将一个 Canvas 放置在 NPC 头顶，显示文本内容，效果如图 8-77 所示。

图 8-77　最终效果

通过完成任务：

● 学会 NPC 的事件触发。

● 掌握 NPC 在触发事件时一直面对玩家 Me 的方法。

（资源文件路径：Unity 3D/2D 移动开发实战教程\第 8 章\实例 10）

步骤 ① 为 NPC 创建 UI

（1）在 Hierarchy 面板的 NPC 上单击鼠标右键，选择 UI→Canvas 命令，创建子对象 Canvas，注意这里是为 NPC 创建子对象。

（2）在 Inspector 面板中，将 NPC 的子对象 Canvas 的渲染模式设置为 World Space，Dynamic Pixels Per Unit 设置为 100 以提高分辨率。

（3）调整 NPC 子对象 Canvas 的大小和位置，并且旋转 180 度，如图 8-78 所示。

步骤 ② 创建 Text

（1）在 Canvas 子对象上单击鼠标右键，选择 UI→Text 命令创建文本子对象。

（2）将文本对象的内容设置为"你好！"，字体大小设置为 1。适当调整文本对象的大小和位置，如图 8-79 所示。最终在 NPC 的头顶创建了一个 UI。

步骤 ③ 修改 TestAI.cs 脚本

（1）添加成员变量 HiText。

```
1.  private GameObject HiText;
```

（2）在 Start() 函数中初始化 HiText，获取文本对象

```
1.  HiText = functions.AdvancedFindChild(transform, "Text").
gameObject;
```

（3）在 StartAI() 中添加下方语句。

```
1.  HiText.SetActive(false);
```

图 8-78 设置 NPC 的 UI

图 8-79 设置文本

（4）添加 stopCoroutine()函数及语句。

```
1.  void stopCoroutine()
2.  {
3.      HiText.SetActive(true);
4.      StopAllCoroutines();
5.      Ani.Play("Idle");
6.  }
```

【程序代码说明】

第 3 行：显示文本。

第 4 行：停止所有进程。

第 5 行：播放动画 Idle。

步骤 4 编写脚本 AiScript.cs

在 Project 面板中创建脚本文件 AiScript.cs，双击 AiScript.cs 文件并编写脚本。

```
1.  using System.Collections;
2.  using System.Collections.Generic;
3.  using UnityEngine;
4.
5.  public class AiScript : MonoBehaviour
6.  {
7.      private TestAI Tai;
8.      private GameObject lookgo = null;
9.      public float checkTime = 2;
10.
```

```
11.     void Start ()
12.     {
13.         Tai = transform.GetComponent<TestAI> ();
14.     }
15.
16.     void Update ()
17.     {
18.         Collider[] col = Physics.OverlapSphere (this.transform.
position, 3.0f);
19.         for (int i = 1; i < col.Length; i++) {
20.             Collider c = col [i];
21.             GameObject go = c.gameObject;
22.             Vector3 lookPos = new Vector3 (go.transform.position.x,
this.transform.position.y, go.transform.position.z);
23.             if (c.name.Equals ("Me")) {
24.                 transform.LookAt (lookPos);
25.                 lookgo = go;
26.                 Tai.SendMessage ("stopCoroutine");
27.                 StartCoroutine (checkMe ());
28.             }
29.         }
30.     }
31.
32.     IEnumerator checkMe ()
33.     {
34.         float curTime = 0;
35.         while (true) {
36.             if (curTime >= checkTime) {
37.                 if (lookgo != null) {
38.                     if (Tai.checkDis (transform.position, lookgo.
transform.position) > 3) {
39.                         lookgo = null;
40.                         Tai.SendMessage ("StartAI");
41.                         StopCoroutine ("checkMe");
42.                     }
43.                 }
44.             }
45.             curTime += Time.deltaTime;
46.             yield return new WaitForEndOfFrame ();
47.         }
48.     }
49. }
```

第 13 行：获取对象的脚本组件 TestAI。

第 16～30 行：创建球形射线检测，判断有没有触碰到碰撞体，如果碰到 Me，看向 Me，调用 stopCoroutine() 函数停止寻路，并且判断 Me 和 NPC 之间的距离。

第 32～48 行：判断 Me 和 NPC 之间的距离，如果大于 3 就重新开始寻路。

如果要在场景中将球形范围显示出来，可以在 AiScript.cs 中添加下列方法，这样在 Hiererchy 面板选中 NPC 时，在场景中就可以看到一个红色球形区域，如图 8-80 所示。

图 8-80　球形范围

```
1.   private void OnDrawGizmos()
2.   {
3.        Gizmos.color = Color.red;
4.        Gizmos.DrawSphere(transform.position, 3.0f);
5.   }
```

【程序代码说明】

第 4 行：显示球形范围，半径 3.0f。

知 识 总 结

 知识点一：球形射线检测

```
Physics.OverlapSphere(Vector3 position, float radius)
```

其中 position 表示 3D 相交球的球心；radius 表示 3D 相交球的球半径。

返回值的类型：Collider[]。

知识点二：SendMessage 函数

gameObject.SendMessage("A");即可通知当**前物体**下某组件的 A 方法

 试一试

请模仿 3D 神秘海洋教育软件的制作过程，综合运用所学知识，完成一款"拯救小动物" 3D 小软件，在该软件中要求如下。

（1）请自行设计地形，在地形上设置好山峰、山谷，种植树木、小草，可以添加瀑布、湖泊、木屋等元素，使得场景丰富而真实。

（2）场景中至少有一只猛兽，猛兽在一定范围内自由活动，即自动寻路。

（3）场景中至少有一只小动物，如兔子，兔子和猛兽在不同的区域放置。

（4）以第三人称视角，在整个场景中寻找小兔子，并且拯救小兔子。

（5）要求摄像机能跟随漫游场景。

（6）软件逻辑：找到兔子，单击兔子，弹出 Victory 的提示窗口，单击该窗口可以结束软件运行；如果以第三人称和猛兽离得足够近，会弹出 Over 窗口，单击该窗口结束软件运行。

（7）请在场景中添加背景音乐，在适当的地方添加音效。要求音乐和音效要符合软件主题。

（8）请自行设计软件的起始界面和加载界面，要求界面元素要符合软件主题。

第四篇　3D AR 教育软件综合实例篇

本篇分为两部分，主要对 3D AR 的开发知识进行详细介绍。

第一部分是 AR 基础应用实例。包括 AR 开发环境的搭建；基础项目的创建与发布；AR 项目的创建与发布。通过第一部分内容的介绍，使用户对 AR 有一个初步的认识。

第二部分是动物乐园 AR 教育软件的开发，是对 AR 技术的一个综合应用。用户通过识别多张图片的 AR 项目的学习，可以熟练地对 AR 对象进行常规设置以及发布 AR 项目的常规设置；通过创建固定 GUI，掌握在 AR 项目中创建 GUI 的基础方法；通过创建动态交互 GUI，掌握动态数组的使用方法、添加射线判定机制的方法以及射线判定与交互功能相关联的实现方法。

第9章 AR 基础应用实例

AR（Augmented Reality）增强现实技术，是一种将真实世界信息和虚拟世界信息无缝集成的新技术，是把原本在现实世界的一定时间和空间范围内很难体验到的实体信息（视觉信息、声音、味道、触觉等），通过电脑等科学技术，模拟仿真后再叠加，将虚拟的信息应用到真实世界，被人类感官所感知，从而达到超越现实的感官体验。真实的环境和虚拟的物体实时地叠加到了同一个画面或空间。

增强现实技术具有以下特点。

（1）真实世界和虚拟信息的集成。

（2）具有实时交互性。

（3）是在三维尺度空间中增添定位虚拟物体。

9.1 AR 开发环境搭建

任务要求

要进行 AR 项目的开发，首先需要为项目搭建开发环境，根据不同的发布平台需要配置不同的环境，这里介绍 Android 项目所需要的开发环境。

本任务将完成对 AR 开发环境的搭建，主要包括 JDK 的下载、安装及配置；Android SDK 的下载及配置；Unity 中切换平台和环境设置。通过该任务掌握 AR 开发环境的搭建。

9.1.1 JDK 的下载、安装及配置

步骤① 下载 JDK

官网（https://www.oracle.com/technetwork/Java/javase/downloads/index.html）提供了各种版本的 JDK 供下载，需要根据电脑系统自行选择版本。下载前请选中 Accept License Agreement 单选按钮，然后单击对应的版本即可下载，如图 9-1 所示。

步骤② 安装 JDK

下载好安装包以后，双击打开，按照步骤进行安装。

步骤③ 配置

（1）在计算机中打开"系统属性"对话框，如图 9-2 所示。单击其中的"环境变量"按钮会打开"环境变量"对话框。

图 9-1 选择版本

图 9-2 "系统属性"对话框

（2）在"环境变量"对话框中新建系统变量。在弹出的"新建系统变量"对话框中，新建 JAVA_HOME 系统变量，设置变量值（注意选择 JDK 的安装路径），如图 9-3 所示。

图 9-3 新建 JAVA_HOME 环境变量

（3）新建 CLASSPATH 系统变量，设置变量值，如图 9-4 所示。变量值为"%JAVA_HOME%lib;%JAVA_HOME%lib\tools.jar;"（注意要加分号，不包括引号）。

图 9-4 新建 CLASSPATH 环境变量

（4）找到系统变量中的 Path，编辑 Path 变量，在末尾追加"C:\Program Files\Java\jdk1.8.0_171\bin"和"C:\Program Files\Java\jre1.8.0_171\bin"，如图 9-5 所示。

图 9-5　编辑 Path 变量

（5）打开命令行窗口，输入 javac 命令，出现图 9-6 所示结果，说明 JDK 配置成功。

图 9-6　JDK 配置成功

9.1.2　SDK 的下载与配置

步骤 ① 下载 SDK Tool

从 http://tools.android-studio.org/index.php/sdk/ 页面中选择合适的 SDK Tool 版本进行下载，对于 Windows 操作系统，可以选择下载 exe 格式文件，如图 9-7 所示。

图 9-7　下载 SDK Tool

步骤 2　安装 SDK Tool

SDK Tool 下载完成后，双击下载的文件可以直接进行安装，安装界面如图 9-8 所示。

图 9-8　安装 SDK Tool

步骤 3　安装 SDK

（1）SDK Tool 安装完成后，打开 Android SDK Manager 管理窗口，如图 9-9 所示。

图 9-9　Android SDK Manager 管理窗口

（2）在 Android SDK Manager 管理窗口中可以选择适当的 SDK 版本，单击 Install 65 packages 按钮，在弹出的 Choose Packages to Install 窗口中勾选 Accept License 单选框，最后单击 Install 按钮开始安装，如图 9-10 所示。

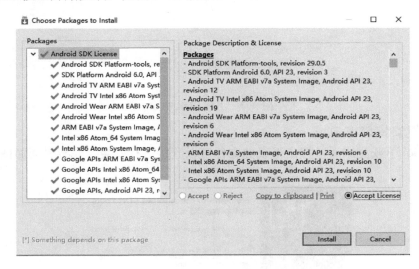

图 9-10　安装 SDK

需要注意所用的 Unity 版本能够支持哪几种 SDK 版本，如果选择的 Android SDK 版本不在所用 Unity 软件支持的版本范围内，那么即使在此处下载了也无法使用。关于 Unity 软件支持的 SDK 版本，在本章后续内容会进行相应介绍。

9.1.3　Unity 中的设置

（1）单击 Unity 菜单栏中的 Edit 菜单按钮，在下拉菜单中选择 Preferences 命令，如图 9-11 所示。打开 Unity Preferences 窗口可以对项目进行配置。

图 9-11　选择 Preferences 命令

（2）在 Unity Preferences 窗口中选择 External Tools 选项，进行 SDK 和 JDK 的路径设

置，如图 9-12 所示。

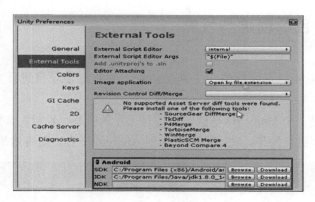

图 9-12　Unity Preferences 窗口

（3）下面为 Unity 项目选择发布平台，单击选择菜单栏中的 File 菜单按钮，在下拉菜单中选择 Build Settings 命令，打开 Build Settings 窗口。在该窗口的 Platform 中选择 Android 发布平台，单击 Open Download Page 按钮，下载 Unity Android Support 并安装，如图 9-13 所示。安装完成后单击左下角 Switch Platform 按钮就可以切换平台，如图 9-14 所示。

图 9-13　下载 Unity Android Support 并安装

图 9-14　切换平台

9.2 基础项目的创建与发布

搭建好开发环境后，下面创建一个基础项目，并将这个项目进行发布和测试。

任务要求

本任务创建的是一个 Unity 3D 基础实例项目，导入模型、素材、音频资源。新建场景拖入犀牛模型，对模型进行操作，将该项目发布到 Android 平台。最终效果如图 9-15 所示。

图 9-15　最终效果

通过完成任务：

● 为后面的 AR 项目做好准备。

● 了解 Unity 项目的发布过程。

（资源文件路径：Unity 3D/2D 移动开发实战教程\第 9 章\实例 1）

步骤 ① 创建 Unity 3D 项目工程

打开 Unity 软件，登录已有的账号，单击窗口右上角 New 按钮创建新项目，如图 9-16 所示。选中 3D 单选按钮，输入项目名称，选择项目路径，单击 Create Project 按钮进行创建。

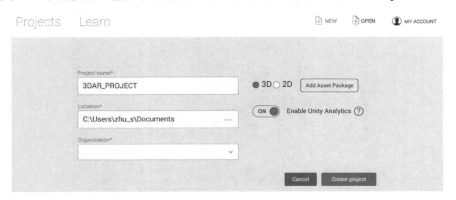

图 9-16　创建新项目

项目名称要让人一目了然，比如要做 3D 的 AR 项目，那么用 3DAR_PROJECT 来命名。当项目结束的时候，需要提交整个工程，则可以在项目名称后添加提交的日期。

步骤2 创建文件夹

在 Project 面板中单击鼠标右键，选择 Create 命令，创建四个文件夹，分别命名为_3DAR、Editor、Resources 和 StreamingAssets。接着，为_3DAR 文件夹创建子文件夹，如图 9-17 所示。

步骤3 导入模型、素材和音频资源

将素材文件夹中的模型资源包 animate.package 导入到项目的 fbx 文件夹中；将素材文件夹中的图片文件拖曳至项目的 texture 文件夹中；将音频文件拖曳至 audio 文件夹中。可以看到模型、图片、音频文件导入后的效果如图 9-18～图 9-20 所示。

图 9-17　创建文件夹

图 9-18　模型资源

图 9-19　图片资源

247

图 9-20　音频资源

步骤④ 场景编辑

（1）在 Project 面板下的 fbx 文件夹中找到犀牛模型，如图 9-21 所示。将犀牛模型拖曳至 Scene 面板中，如图 9-22 所示。

图 9-21　犀牛模型

图 9-22　犀牛在场景中

（2）通过拉伸或缩短 Scene 面板中心的三维坐标轴，可以实现犀牛的放大、缩小以及方向的改变。

（3）选中 Hierarchy 面板中的犀牛对象，在 Inspector 面板中可以看到 Animation 组件，该对象共有 10 种动画。单击 Animations 中的一个动画，如单击 Element8 中的 walk 动画，Assets 面板会对这个动画文件黄色高亮显示。将 Assets 面板中的动画文件拖曳到 Animation 栏中，为其赋值，如图 9-23 所示。

图 9-23　Animation 设置

（4）运行软件进行预览，会在 Game 面板看到犀牛行走的动画效果。

步骤 5 项目发布

（1）单击菜单栏中的 File 菜单按钮，在下拉菜单中选择 Build Settings 命令并对项目进行设置。在 Platform 中选择 Android 平台，单击左下角 Switch Platform 按钮切换平台。

（2）单击 Build Settings 窗口的 Build 按钮，可以把这个犀牛小例子发布为 apk 文件，安装到 Android 手机上进行运行测试。

——✦ 知 识 总 结 ✦——

知识点一：文件夹介绍

（1）Editor 文件夹：这个文件夹中的所有资源文件或者脚本文件不会被打包发布，并且脚本也只能在编辑时使用。一般会把一些工具类的脚本放在这里，或者是一些编辑时用的 DLL。

（2）Plugins 文件夹：插件文件夹，放置移动端依赖的 SDK，本章要用到 AR 高通插件保存在这个文件夹。

（3）Resources 文件夹：这个文件夹下的资源不管用不用都会被打包发布。

（4）StreamingAssets 文件夹：这个文件夹下的资源也会被打包发布。它和 Resources 的区别是，Resources 会压缩文件，但是 StreamingAssets 不会压缩。StreamingAssets 是一个只读的文件夹，程序运行时只能读不能写。它在各个平台下的路径是不同的，可以用 Application.streamingAssetsPath 根据当前的平台选择对应的路径。

 知识点二：Unity 音频资源

Unity 音频资源有如下几种。

- .AIFF：适用于较短的音乐文件，可用做游戏打斗音效。
- .WAV：适用于较短的音乐文件，可用做游戏打斗音效。
- .MP3：适用于较长的音乐文件，可用做游戏背景音乐。
- .OGG：适用于较长的音乐文件，可用做游戏背景音乐。

9.3　AR 项目的创建与发布

通过上述操作了解基础项目的发布，下面创建 AR 项目，介绍 AR 项目的创建与发布，请注意其中的相同点和不同点。

任务要求

本次任务将使用 Vuforia 插件创建一个简单的 AR 项目，该项目可以识别一张图片，并且进行虚实结合，效果如图 9-24 所示。需要在 Vuforia 官网注册账号，获取 License Key，上传和下载需要识别的图片。

图 9-24　最终效果

通过完成任务：

- 掌握 Vuforia 插件的使用方法。
- 掌握 AR 项目的制作方法。
- 掌握 AR 项目的设置与发布。

（资源文件路径：Unity 3D/2D 移动开发实战教程\第 9 章\实例 2）

9.3.1 注册 Vuforia 账号

（1）进入到 Vuforia 官方网站（https://developer.Vuforia.com），单击右上角 Register 按钮，如图 9-25 所示。会进入注册页面。

图 9-25 Vuforia 官网

（2）在注册界面输入必要信息，注意密码要数字，大小写字母都存在，勾选下面的是否同意选项，单击 Create account 按钮即可完成注册操作，如图 9-26 所示。

图 9-26 注册界面

（3）注册操作完成后，还需要进入注册邮箱，单击邮箱中的验证链接才可以完成注册。

9.3.2 获取 License Key

（1）注册成功后，找到 Develop 导航栏，进入 License Manager 页面，单击 Get Development Key 按钮，如图 9-27 所示。

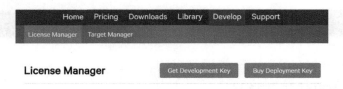

图 9-27　创建 License Key

（2）在打开的新页面中输入 3DAR，并勾选同意协议复选框，单击 Confirm 按钮，可获取一个新的 License Key，如图 9-28 所示。

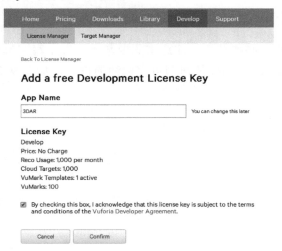

图 9-28　获取 License Key

（3）选择刚创建的 3DAR，复制页面中的 License Key 备用，如图 9-29 所示。发布程序时需要用到 License Key。

图 9-29　复制 License Key

9.3.3　上传和下载图片

（1）进入 Target Manager 页面，单击 Add Database 按钮，会打开 Create Database 窗口，如图 9-30 所示。

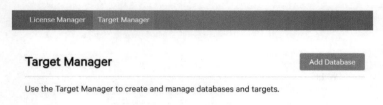

图 9-30　"Target Manager"页面

（2）在 Create Database 窗口的文本框中输入 3DAR，选择 Device 单选按钮，单击 Create 按钮创建 Database，如图 9-31 所示。

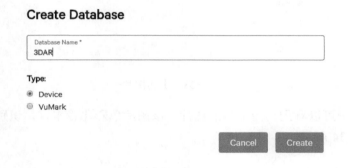

图 9-31　创建 Database

（3）选择创建的 3DAR 数据库，单击 Add Target 按钮上传需要识别的图片，如图 9-32 所示。

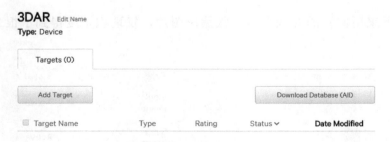

图 9-32　3DAR 页面

（4）找到素材文件中的狮子图片 lion.jpg，设置 width 为 1024（注意：要求图片的宽度为 2 的整数次幂），单击 Add 按钮上传图片，如图 9-33 所示。

Unity 3D/2D 移动开发实战教程

Add Target

Type:

Single Image | Cuboid | Cylinder | 3D Object

File: lion.jpg [Browse...]

.jpg or .png (max file 2mb)

Width: 1024

Enter the width of your target in scene units. The size of the target should be on the same scale as your augmented virtual content. Vuforia uses meters as the default unit scale. The target's height will be calculated when you upload your image.

Name: lion

Name must be unique to a database. When a target is detected in your application, this will be reported in the API.

[Cancel] [Add]

图 9-33　上传图片

（5）在页面中可以看到已经上传的图片，该图片色彩比较丰富，识别度比较低，只有一颗星，如图 9-34 所示。

Target Name	Type	Rating	Status
lion	Single Image	★☆☆☆☆	Active

图 9-34　已经上传图片

（6）接下来用同样的方法上传一张黑白图片，发现识别度得到了很大的提升，如图 9-35 所示。

Target Name	Type	Rating	Status
lion_c	Single Image	★★★★★	Active
lion	Single Image	★☆☆☆☆	Active

图 9-35　lion 正面图片

（7）单击右上角的 Download（All）按钮，在 Download Database 页面选择 Unity Editor

254

单选按钮，如图 9-36 所示。然后单击 Download 按钮，将资源下载到本地电脑。

图 9-36 Download Database

（8）下载好后，打开上一节中保存的 Unity 项目，将从 Vuforia 下载的资源导入项目，在上一节基础项目的基础上完成 AR 项目。

9.3.4 Vuforia 的使用

步骤 1 导入插件

（1）将随书资源该任务文件夹中的插件文件 vuforia-unity.unitypackage 导入到项目中（或者直接从 Vufoia 官网下载插件包导入项目），如图 9-37 所示。

（2）接下来，在项目中找到我们导入的 Vuforia 文件夹，打开 Prefabs 文件夹，将 ARCamera 和 ImagerTargt 拖入 Hierarchy 面板中，如图 9-38 所示。

图 9-37 导入 Vuforia 插件

图 9-38 将组件拖入场景

（3）在 Hierarchy 面板中删除原有的 Main Camera 和犀牛。Hierarchy 面板中现在包含的对象如图 9-39 所示。

步骤 2 设置 ARCamera 对象

（1）选择 Hierarchy 面板中 ARCamera 对象，在 Inspector 面板中单击 Open Vuforia configuration 按钮，如图 9-40 所示。

图 9-39　Hierarchy 面板中的对象　　　　图 9-40　单击 Open Vuforia configuration 按钮

（2）这时在最上方的 App License Key 中复制刚才 Vuforia 页面的 License Manager 中的 License Key。然后勾选 Load 3DAR Database 和 Activate 复选框，如图 9-41 所示。

步骤 3 设置 ImageTarget

（1）在 Hierarchy 面板中选中 ImageTarget，在 Inspector 面板中的 Image Target Behavior 下设置 Database 和 Image Target 的参数，如图 9-42 所示。这里的 Image Target 中设置的是之前在 Vuforia 官网上传的识别图片。

图 9-41　Vuforia 的设置　　　　　　　图 9-42　设置两个选项

（2）选择 fbx 文件夹中的 LION 模型，将模型拖曳至 Hierarchy 面板的 ImageTarget 对象上，这时狮子模型会出现在 Scene 面板中，如图 9-43 所示。

图 9-43 将模型拖曳至 ImageTarget 上

9.3.5 发布 Android 项目

步骤 1 修改模型大小

（1）选中 ImageTarget 对象，在 Inspector 面板中，可见 ImageTarget 的 Scale 是 1024×1024×1024，把它改成 10.24×10.24×10.24，如图 9-44 所示。

图 9-44 修改 Scale 大小

（2）用鼠标放大 Scene 面板中的对象，发现狮子模型仍然比图片大，如图 9-45 所示。

图 9-45 LION 对象较大

（3）下面修改狮子模型的大小。在 Hierarchy 面板中展开 ImageTarget，选中里面的 LION 对象，在 Inspector 面板中修改 Scale 参数值为 0.3，如图 9-46 所示。

步骤 2 设置 AR Camera 和 Image Target

（1）现在 AR Camera 和 Image Target 的位置重叠，在 Game 面板中看不到狮子，需要先修改 ARCamera 的位置。选中 AR Camera，在 Inspector 面板中修改 Position 的 Y 值为 10。

（2）让 AR Camera 照到狮子模型。选中 AR Camera，在 Inspector 面板中修改 Rotation 的 X 值为 90，表示绕 X 轴旋转 90 度，如图 9-47 所示。

图 9-46　修改模型大小　　　　　　　　　图 9-47　设置 AR Camera

（3）打开 Game 面板，可以看到狮子模型站在图片上面，如图 9-48 所示。

（4）可以看到狮子模型和图片没有完全露出来，修改 Position 的 Y 值为 20，此时狮子模型和图片完全露出来了，如图 9-49 所示。

图 9-48　Game 面板中效果　　　　　　　图 9-49　设置 AR Camera 位置

步骤 ③ 修改 ImageTarget 的识别图片

（1）选中 Hierarchy 面板中的 ImageTarget，在 Inspector 面板中修改 ImageTarget 的识别图片为 lion_c（背面图片，识别度高一些），并设置 Scale 为 10.24，如图 9-50 所示。

（2）此时，Game 面板中显示效果如图 9-51 所示。

图 9-50　修改 ImageTarget　　　　　　　图 9-51　Game 面板显示效果

步骤④ 项目设置

（1）选择 File 菜单中的 Build Settings 命令。在前面已经设置了 Android 平台并且 switch platform 进行了切换，接着单击 Player Settings 按钮，如图 9-52 所示。

图 9-52　单击 Player Settings 按钮

（2）此时，Inspector 面板中出现 Player Settings 属性。修改 Company Name 与 Vuforia 官网注册时填写的公司名一致；修改 Product Name 为一个比较简单的词，如 3DAR，如图 9-53 所示。

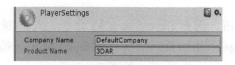

图 9-53　设置 Player Settings

（3）接着，在 Inspector 面板下方，有如图 9-54 所示的按钮，单击右边的 Android 按钮。

（4）展开 Resolution and Presentation 属性，在 Default Orientation 中选择 Auto Rotation，来控制移动终端是否自动旋转平面，如图 9-55 所示。

图 9-54　Android 按钮

图 9-55　设置 Default Orientation

（5）收起 Resolution and Presentation 属性，展开下方的 Other Settings 属性，设置如图 9-56 所示的值。对于 Minimum API Level 要选择相对应的版本，前面讲过 Unity 本身支持的 Android SDK 是有范围的，在此处可以看到该 Unity 所有支持的 Android SDK 版本。

图 9-56　设置 Other Settings

（6）至此，player settings 设置完毕。对于同一个项目，player settings 只设置一次即可。

步骤 5　发布项目

（1）单击 File 菜单按钮，选择 Save Scene As 命令，对场景进行保存。

（2）打开 Build Settings 添加场景，单击 Add Open Scenes 按钮，或直接从 Assets 文件夹中拖曳场景，把保存的场景添加进来，如图 9-57 所示。

图 9-57　Build Scene 窗口

（3）在 Build Settings 窗口中单击右下方的 Build 按钮，进行发布。此时会出现图 9-58

所示的错误提示。

图 9-58　错误提示

（4）刚才在 Player Settings 中设置的 Product Name 为 3DAR，以数字开头，要求是不能以数字开头。修改 Product Name，如图 9-59 所示。

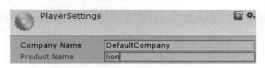

图 9-59　修改 Product Name

（5）对 Bundle Identifier 相应部分也进行修改，如图 9-60 所示。这时，再次单击 Build 按钮，可以成功发布。

Identification	
Bundle Identifier	com.buu.lion
Version*	1.0
Bundle Version Code	1

图 9-60　修改 Bundle Identifier

步骤⑥ 测试

在安卓系统手机上安装发布的 lion.apk。在电脑上打开 lion_c 图片，或将该图片打印出来。在手机上打开 lion.apk 应用，将手机摄像头对准 lion_c 图片，会在手机上显示图片叠加 3D 狮子模型的效果。

✦────── **知识总结** ──────✦

🏷 **知识点一：Vuforia 介绍**

Vuforia 增强现实软件开发工具包是高通推出的针对移动设备增强现实应用的软件开发工具包。换言之，Vuforia 就是一个 AR 的平台，如果从游戏角度来说，可以认为它就是一个增强现实开发的引擎。在 Vuforia 官网开发者平台的 Download 界面可以下载最新的

Unity SDK。下载完成之后，双击 SDK 的 Package，将 Vuforia SDK 导入到 Unity 中。

Editor：包含了在 Unity 编辑器中与对象进行互动控制的脚本。

Plugins：包含了 Java 和 iOS 的原生库，用来将 Vuforia 集成到 Android 和 iOS 平台上。

Vuforia：包含了用来实现增强现实功能的预设体和代码脚本。

StreamingAssets：包含了之前从 Target Manager 中下载的关于对象数据库的 XML 配置文件和 DAT 文件。

 知识点二：图片目标

Vuforia 识别的原理是通过检测自然特征点的匹配来完成的。将 Target Manager 中图片检测出的特征点保存在数据库中，然后再实时检测出真实图像中的特征点与数据库中模板图片的特征点数据进行匹配。

Vuforia 支持的图片格式必须是 8 位或者 24 位的 PNG 或者 JPG 格式的图片。图片要包含丰富的细节、较高的对比度以及无重复的图像，这样图片的评估级较高，更加有利于 Vuforia 的检测和跟踪。

 试一试

请在 Vuforia 网站上传 10 种以上动物的正反面图片，制作待识别图片资源，下载所有图片的 Database 资源包。

第10章　动物乐园 AR 教育软件

10.1　软件介绍

　　动物乐园 AR 教育软件是通过手机摄像头拍摄现实世界中的图片,实现对图片的识别,针对不同图片展示不同动物,如狮子、斑马等的 3D 效果,将虚拟世界和现实世界进行结合。为了达到教育的目的,增加趣味性和交互性,通过脚本的编写,可以单击不同 3D 动物模型,实现有针对性的介绍。软件最终效果如图 10-1 所示。

图 10-1　最终运行效果

　　该软件可以同时识别多张图片,根据不同的图片会显示不同的 3D 模型。单击一个 3D 模型,会弹出一个 GUI 窗口,窗口的具体内容如下。

　　(1)窗口第一排的四个按钮是横向布局的,分别为:"文字介绍""语音介绍""关闭语音介绍"和"关闭窗口"。

　　单击"文字介绍"按钮,会弹出图 10-2 所示的效果,显示对应动物的文本介绍。再次单击"文字介绍"按钮,就会隐藏文本。

　　单击"语音介绍"按钮,会播放对应动物的语音介绍;单击"关闭语音介绍"按钮,会停止播放。

图 10-2　单击"文字介绍"按钮

（2）窗口下面的动画列表按钮是纵向布局的，这些按钮的数量和该模型附带的动画数量是一致的，按钮上的文字就是动画的名字。

如狮子 3D 模型附带的动画有 idle、walk、run 和 jump 等，单击其中的 jump Attack 按钮就会播放狮子跳起来攻击的动画，效果如图 10-3 所示。单击按钮后默认只播放一次动画，勾选"是否循环动画"复选框后，会循环播放对应的动画。

图 10-3　播放动画

10.2　实现多张图片的识别

任务要求

本任务完成一个可以识别多张图片的 AR 项目，对于不同的图片显示不同的 3D 对象，制作的效果如图 10-4 所示。

通过完成任务：

● 更加熟练地对 AR 对象进行常规设置以及发布 AR 项目的常规设置。

● 掌握识别多张图片的 AR 项目。

图 10-4 最终效果

（资源文件路径：Unity 3D/2D 移动开发实战教程\第 10 章\实例 1）

10.2.1 设置最大识别图片数目

步骤 1 下载资源

（1）前面已经在 Vuforia 的官方网站上传了多张图片，将这些图片资源下载备用。下载好后，资源是以 unitypackage 形式存放的。

（2）打开上一章完成的项目，把从 Vuforia 下载的资源包导入到项目中，以这个项目为基础完成对多张图片的识别。

步骤 2 设置 Max Simultaneous Tracked Objects

（1）选中 Hierarchy 面板中的 ARCamera 对象，在 Inspector 面板中单击 Open Vuforia Configuration 按钮，如图 10-5 所示。

图 10-5 单击 Open Vuforia Configuration 按钮

（2）在打开的界面上检查 App License Key 和 DataSets，确保正确，如图 10-6 所示。

（3）修改界面中的 Max Simultaneous Tracked Images 和 Max Simultaneous Tracked Objects 的数目都为 5，即最多可以识别的图片数目为 5，如图 10-7 所示。

图 10-6　信息检查

步骤 3 添加多个 ImageTarget

从 Vuforia 文件夹中拖曳多个 ImageTarget 到 Scene 面板中，操作完毕 Hierarchy 面板的结果显示如图 10-8 所示。

图 10-7　设置可以识别图片数目

图 10-8　Hierarchy 面板

10.2.2　设置 ImageTarget

步骤 1 设置 ImageTarget 和 fbx 模型（狮子）

（1）在 Hierarchy 面板中选中 ImageTarget 对象，在 Inspector 面板设置 ImageTarget 的 Scale 为 10.24。下方的 Image Target Behavior 中设置 Database 和 Image Target 的参数，选择黑白图片，识别度更大，如图 10-9 所示。

（2）由于 LION 对象已经添加至 ImageTarget 对象中，所以不用再次拖入模型。接着，在 Hierarchy 面板中展开 ImageTarget，选中子对象 LION，在 Inspector 面板中修改 Scale 值为 0.3。

步骤 2 设置 ImageTarget(1)和 fbx 模型（斑马）

（1）为方便编辑，先将 ImageTarget 隐藏，方法是在 Inspector 面板中取消勾选 ImageTarget 复选框，如图 10-10 所示。

图 10-9　设置 ImageTarge　　　　　　　　图 10-10　隐藏 ImageTarget

（2）在 Hierarchy 面板中选中 Image Target(1)，在 Inspector 面板的 Image Target Behavior 中设置 Database 和 Image Target 的参数，如图 10-11 所示。继续在该 Inspector 面板上方设置 Scale 值为 10.24。

（3）在 Project 面板的 fbx 文件夹中将 ZEBRA 模型拖曳至 Hierarchy 面板中的 Image Target(1)下面，Hierarchy 面板中的效果如图 10-12 所示。

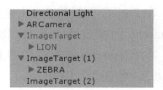

图 10-11　设置 ImageTarget（1）　　　　　图 10-12　Hierarchy 面板显示

（4）选中 Hierarchy 中的 ZEBRA，在 Inspector 面板中修改 ZEBRA 模型的大小，修改

Unity 3D/2D 移动开发实战教程

Scale 为 0.3，如图 10-13 所示。

步骤③ 修改狮子和斑马的位置

（1）在 Hierarchy 面板中选中 ImageTarget，在 Inspector 面板中勾选 Image Target 复选框，激活该对象，让对象显示出来，可以发现这时狮子和斑马模型重叠，如图 10-14 所示。

图 10-13　设置 ZEBRA

图 10-14　模型重叠

（2）选中 Hierarchy 面板中的 ImageTarget，然后在 Scene 面板中沿着 x 轴移动 ImageTarget，把狮子和斑马分开，效果如图 10-15 所示。

（3）在 Hierarchy 面板中选中 ARCamera 对象，在 Inspector 面板中设置 Position 里的 y 值为 20，使得 ARCamera 能照到这两个对象，这时 Game 面板的效果如图 10-16 所示。

图 10-15　将模型分开

图 10-16　Game 面板显示效果

步骤④ 设置 ImageTarget(2) 和 fbx 模型（奶牛）

（1）取消勾选 ImageTarget 和 ImageTarget(1) 复选框，隐藏狮子和斑马，以方便编辑。

（2）在 Hierarchy 面板中选中 ImageTarget(2)，在 Inspector 面板的 Image Target Behavior 中设置 Database 和 Image Target 的参数，如图 10-17 所示。继续在 Inspector 面板中设置 Scale 为 10.24。

（3）在 Project 面板的 fbx 文件夹中将奶牛模型拖曳至 Hierarchy 面板中的 ImageTarget(2) 下，Hierarchy 面板效果如图 10-18 所示。

（4）在 Hierarchy 面板中选中 ImageTarget(2) 的子对象 COW，在 Inspector 面板中修改 Scale 为 0.3，如图 10-19 所示。

（5）这时，再次勾选 ImageTarget 和 ImageTarget(1) 的复选框，显示狮子和斑马。发现奶牛和它们重叠了。在 Hierarchy 面板选中 ImageTarget(2) 对象，在 Scene 面板中沿着 x 轴把 ImageTarget(2) 拉开，Scene 面板现在的效果如图 10-20 所示。

图 10-17　设置 ImageTarget（2）

图 10-18　Hierarchy 面板显示效果

图 10-19　修改 Scale 值

图 10-20　Scene 面板显示效果

（6）最后，保存项目并发布成*.apk 文件，安装到手机上进行测试。打印 lion、zebra 和 cow 这三张图片，运行该 apk 程序，用手机摄像头对准这三张图片，可以同时识别它们，并显示狮子、斑马和奶牛 3D 模型。

————◆———— 知 识 总 结 ————◆————

不要把一个 ImageTarget 放到另一个 ImageTarget 下，它们应当并列在根目录下，否则就无法识别了。ImageTarget 的名字可以任意命名，本任务中先保留默认名字，以方便区分。如果发现 ImageTarget 变成空白了，可以对图片属性进行设置，如图 10-21 所示。

（1）找到识别图的源文件（Assets-->Editor-->Vuforia-->ImageTargetTextures-->3DAR 文件夹中），如图 10-22 所示。

图 10-21　图片空白　　　　　　　　　　　　图 10-22　源文件

（2）单击选中识别图源文件，在 Inspector 面板中将 Texture Type 修改为 Default、Texture Shape 修改为 2D，最后单击右下角的 Apply 按钮，如图 10-23 所示。

图 10-23　设置图片

（3）然后在 Hierarchy 面板中单击一下 ImageTarget 对象，就会发现识别图已经可以显示出来了。

10.3 为 AR 项目创建固定 GUI

任务要求

本任务将在识别多张图片的 AR 项目基础上，为其添加 GUI，窗口共包含 3 个按钮，效果如图 10-24 所示。单击"文字介绍"按钮，会显示文字内容；单击"语音介绍"按钮，会播放语音介绍；单击"关闭语音介绍"按钮，会关闭音频播放。

图 10-24　最终效果

通过完成任务：

● 掌握在 AR 项目中创建 GUI 的基础方法。

（资源文件路径：Unity 3D/2D 移动开发实战教程\第 10 章\实例 2）

10.3.1　显示窗口

步骤 1 打开项目

打开上一任务中完成的项目，在这个项目的基础上创建固定 GUI。

步骤 2 创建窗口

（1）在 Project 面板中创建脚本文件 UIManager.cs，双击打开该文件进行编写。

```
1.  public class UIManager : MonoBehaviour {
2.  public Rect window01 = new Rect (0, 0, 600, 600);
3.  void Start () {
4.  }
5.  void Update () {
6.  }
7.  void OnGUI () {
8.      window01 = GUI.Window (0, window01, DoMyWindow, "My Windows");
9.  }
```

```
10. void DoMyWindow(int window) {
11.     }
12. }
```

【程序代码说明】

第2行：定义一个矩形区域。

第7～9行：调用 OnGUI() 在屏幕上直接绘制 UI。GUI.Window 函数用于创建一个窗口。

（2）把 UIManager.cs 脚本拖曳添加至 Hierarchy 窗口中的 ARCamera 对象上，如图 10-25 所示。

图 10-25　添加 UIManager.cs 脚本

（3）运行软件，Game 面板会出现图 10-26 所示的窗口，我们会发现该窗口不能调整大小，也不能移动，下面将会对其进行完善。

图 10-26　Game 面板

步骤 3　窗口功能完善

（1）在 Inspector 面板中修改 window01 的大小，由于 UIManager.cs 脚本里的 window01 为 public 型，所以能在 Inspector 面板中修改它的属性值，如图 10-27 所示。

（2）运行软件，发现窗口的起始位置和大小都发生了变化，执行结果如图 10-28 所示。

图 10-27　修改 Window01

图 10-28　运行效果

（3）接下来，设置窗口能被拖动。

在 UIManager.cs 脚本的 DoMyWindow() 函数中添加一条语句：

```
1.  GUI.DragWindow (new Rect (0, 0, 200, 50));
```

（4）运行软件，当选中窗口时，周围出现白色框，这时可以对窗口进行拖动，如图 10-29 所示。

图 10-29　窗口可以被拖动

10.3.2　添加文字介绍

步骤 1　添加 Button 控件

（1）在 UIManager.cs 脚本的 DoMyWindow 函数中添加如下语句：

```
1.  if (GUILayout.Button ("文字介绍", GUILayout.Width (200), GUILayout.
Height (100))) {           }
```

（2）执行会看到窗口中增加了一个"文字介绍"按钮，单击该按钮会有动态效果，如图 10-30 所示。

图 10-30　添加按钮

步骤 2　为按钮添加"文字介绍"变量

在 UIManager 脚本中添加字符串类型的文字介绍变量 lion_text，如下：

```
1.  public string lion_text = "狮子雄性颈部有鬃毛，雌兽体型较小，一般只及雄
兽的三分之二，是唯一雌雄两态和群居的猫科动物，生活于开阔的草原疏林地区或半荒漠地带，是猫科
动物中进化程度最高的。";
```

步骤 3　添加 Label 以显示文字介绍

（1）在 UIManager.cs 脚本的 DoMyWindow 函数中添加如下语句：

```
1.  GUILayout.Label (lion_text);
```

（2）执行会显示文字介绍内容，如图 10-31 所示。

图 10-31　显示文字介绍

步骤 4 添加 bool 变量控制内容是否显示

（1）上面的程序无论是否单击"文字介绍"按钮，都会显示文字介绍内容。下面添加 bool 变量，用于控制内容是否显示。

```
1.  public bool openText = false;
```

（2）用 openText 变量控制文字介绍的内容是否显示。修改 UIManager.cs 脚本的 DoMyWindow 函数如下。

```
1.  void DoMyWindow(int window) {
2.  GUI.DragWindow (new Rect (0, 0, 600, 50));
3.  if (GUILayout.Button ("文字介绍", GUILayout.Width (100), GUILayout.
Height (50)))
4.  {
5.      openText = true;
6.  }
7.  if (openText)
8.  {
9.      GUILayout.Label (lion_text);
10. }
11. }
```

【程序代码说明】

第 3～6 行：表示单击"文字介绍"按钮，则将"openText = true;"。

第 7～9 行：表示如果 openText 为真，则输出文本。

（3）运行软件，单击"文字介绍"按钮，显示内容，结果如图 10-32 所示。

步骤 5 将 bool 变量 openText 改成开关语句

上一步实现了单击按钮显示文本的操作，但是再次单击按钮时文本没有隐藏，下面设置开关操作，单击按钮显示文本，再次单击按钮文本将隐藏。

图 10-32　显示内容

（1）修改 UIManager.cs 脚本的 DoMyWindow 函数，完整的程序代码如下：

```
1.  public class UIManager : MonoBehaviour {
2.  public Rect window01 = new Rect (0, 0, 600, 600);
3.  public string lion_text = "狮子雄性颈部有鬃毛，雌兽体型较小，" +
4.      "一般只及雄兽的三分之二，是唯一雌雄两态和群居的猫科动物，生活于开阔的草原疏林地区或半荒漠地带，是猫科动物中进化程度最高的。";
5.  public bool openText = false;
6.  void Start () {
7.
```

```
8.  }
9.  void Update () {
10. }
11. void OnGUI () {
12.     window01 = GUI.Window (0, window01, DoMyWindow, "My Windows");
13. }
14. void DoMyWindow(int window) {
15.     GUI.DragWindow (new Rect (0, 0, 600, 50));
16.     if (GUILayout.Button ("文字介绍", GUILayout.Width (100),
GUILayout.Height (50)))
17.     {
18.         openText =!openText;
19.     }
20.     if (openText)
21.     {
22.         GUILayout.Label (lion_text);
23.     }
24.     }
25. }
```

（2）运行程序，单击"文字介绍"按钮，可以开关控制文本内容是否显示。

10.3.3 添加语音介绍

步骤① 修改 UIManager.cs 脚本

打开 UIManager.cs 脚本，对其进行修改，添加语音介绍功能。

```
1.  public class UIManager : MonoBehaviour
2.  {
3.  public Rect window01 = new Rect (0, 0, 600, 600);
4.  public string lion_text = "狮子雄性颈部有鬃毛，雌兽体型较小," +
5.      "一般只及雄兽的三分之二，是唯一雌雄两态和群居的猫科动物，" +
6.      "生活于开阔的草原疏林地区或半荒漠地带，是猫科动物中进化程度最高的。";
7.  public bool openText = false;
8.  public AudioClip lion_show;
9.  public AudioSource audioPlayer;
10.
11. void Start (){  }
12. void Update (){      }
13. void OnGUI ()
14. {
15.     window01 = GUI.Window (0, window01, DoMyWindow, "My Windows");
16. }
```

```
17. void DoMyWindow (int window)
18. {
19.     GUI.DragWindow (new Rect (0, 0, 600, 50));
20.     if (GUILayout.Button ("文字介绍", GUILayout.Width (100),
GUILayout. Height (50))) {
21.         openText = !openText;
22.     }
23.     if (GUILayout.Button ("语音介绍", GUILayout.Width (100),
GUILayout.Height (50))) {
24.         audioPlayer.clip = lion_show;
25.         audioPlayer.Play ();
26.     }
27.     if (openText) {
28.         GUILayout.Label (lion_text);
29.     }
30. }
31. }
```

【程序代码说明】

第 8 行：添加 AudioClip 变量，用于存放音频剪辑。

第 9 行：创建 AudioSource 变量 audioPlayer。

第 23 行：添加"语音介绍"按钮。

第 24～25 行：单击"语音介绍"按钮，播放音频。

步骤 2 为变量赋值

（1）在 Hierarchy 面板中单击鼠标右键，选择 Audio→Audio Source 命令，创建一个 AudioSource 对象，并将其重命名为 playaudio。

（2）选中 Hierarchy 面板中的 ARCamera 对象，在 Inspector 面板下方的 UIManager.cs 脚本中出现 lion_show 和 Audio Player 两个文本框，因为这是两个共有变量。

（3）将 Hierarchy 面板中的 playaudio 对象拖曳到 Audio Player 栏中，为其进行赋值。

（4）将 Project 面板 audio 文件夹中的"狮子 介绍.mp3"文件拖曳至 Lion_show 中，如图 10-33 所示。

（5）运行程序，先单击"文字介绍"按钮，会出现文字内容；单击"语音介绍"按钮，会播放狮子介绍的音频，如图 10-34 所示。

10.3.4　添加语音播放开关

步骤 1 添加音效开关的 2 个 bool 变量

下面添加对语音播放进行开关的控制操作，在 UIManager.cs 脚本中添加音效开关的 2 个 bool 变量。

图 10-33　为变量赋值　　　　　　图 10-34　执行测试

```
1.  public bool openAudio = false;
2.  public bool closeAudio = false;
```

步骤② 添加音效开关语句

（1）修改 UIManager.cs 脚本的 DoMyWindow 函数，将"语音介绍" if 语句体内容改为以下内容，即单击"语音介绍"按钮 openAudio 值为 true。

```
1.  openAudio = true;
```

（2）在 DoMyWindow 函数增加"关闭语音介绍"按钮，并且单击该按钮的时候 closeAudio 值为 true。

```
1.  if (GUILayout.Button ("关闭语音介绍", GUILayout.Width (100),
GUILayout.Height (50)))
2.  {
3.      closeAudio=true;
4.  }
```

（3）添加对 openAudio 变量的 if 判断语句，当 openAudio 为真时，播放音频，并且为 openAudio 赋值 false。

```
1.  if (openAudio)
2.  {
3.      openAudio = false;
4.      audioPlayer.clip = lion_show;
5.      audioPlayer.Play ();
6.  }
```

（4）添加对 closeAudio 变量的 if 判断语句，当 closeAudio 值为真的时候，关闭语音播放。

```
1.  if (closeAudio)
2.  {
3.      closeAudio=false;
4.      audioPlayer.Stop ();
```

```
5.  }
```

步骤 3 至此就完成了具有基础操作的 GUI，单击按钮可以执行相应的操作。也可以将该软件发布成*.apk，在手机上进行测试。

＊·───── **知 识 总 结** ─────·＊

知识点一：音频开关

OnGUI()函数在每一帧中都会被调用到，在该函数中创建了窗口和三个按钮，用来控制音频的播放和文本的显示。

在 if(openAudio)语句中添加 "openAudio=false；"，因为每次刷帧，if(openAudio)都被执行，如果 openAudio 一直为 true，audioPlayer.Play()会每帧都执行，音频会一直从头播放。

在 if(closeAudio) 语句中加 "closeAudio=false；"，因为每次刷帧，if(closeAudio)都被执行，如果 closeAudio 一直为 true，则 audioPlayer.Stop(); 总被执行，音频会一直总被 Stop。

知识点二：GUI.Window 函数

GUI.Window 函数主要有以下形式。

```
    public static Rect Window(int id, Rect clientRect, GUI.WindowFunction
func, string text);
    public static Rect Window(int id, Rect clientRect, GUI.WindowFunction
func, Texture image);
    public static Rect Window(int id, Rect clientRect, GUI.WindowFunction
func, GUIContent content);
    public static Rect Window(int id, Rect clientRect, GUI.WindowFunction
func, string text, GUIStyle style);
    public static Rect Window(int id, Rect clientRect, GUI.WindowFunction
func, Texture image, GUIStyle style);
    public static Rect Window(int id, Rect clientRect, GUI.WindowFunction
func, GUIContent title, GUIStyle style);
```

各参数说明如下。
- id：每个窗口的唯一 ID。
- clientRect：用于规定窗口在屏幕上的矩形位置。
- func：在窗口中创建 GUI 的函数，这个函数必须获得一个参数，用于当前创建 GUI 的窗口 ID。
- text：用于窗口的标题文本显示。
- image：在标题栏显示图片纹理。
- content：用于窗口的文本、图片和提示。

● style：用于窗口的可选样式。

 知识点三：GUI.DragWindow 函数

```
GUI.DragWindow (new Rect (0, 0, 200, 50));
```

该函数设置 Window 窗体可被鼠标拖动，并设置 Window 窗体的鼠标响应范围，四个值分别是窗体中响应区的开始 X、Y 位置和响应区的长宽。

10.4　为 AR 项目创建动态交互 GUI

任务要求

上一任务中单击 GUI 的按钮只能播放或者显示固定的内容。接下来，我们完成一个具有射线判定机制的动态交互 GUI。本任务中添加了射线判定机制，能够判断当前单击的是哪个 3D 对象，根据单击对象的不同，会出现不同的文字介绍、语音介绍、动画列表。最终效果如图 10-35 所示。

图 10-35　最终效果

通过完成任务：
● 掌握动态数组的使用方法。
● 掌握添加射线判定机制的方法。
● 掌握射线判定与交互功能相关联的实现方法。

（资源文件路径：Unity 3D/2D 移动开发实战教程\第 10 章\实例 3）

10.4.1　音频管理

步骤❶ 打开已有项目

打开上一任务中保存的 Unity 项目，对其进行修改，创建一个具有动态交互的 GUI。

步骤❷ 创建脚本

（1）创建新的脚本文件 AudioManager.cs，打开该文件进行编辑。

```
1.   using System.Collections;
2.   using System.Collections.Generic;
3.   using UnityEngine;
4.      public class AudioManager : MonoBehaviour {
5.      public static AudioManager instance;
6.      public List<AudioClip> audio_show = new List<AudioClip> ();
7.      public List<AudioClip> audio_name_china = new List<AudioClip> ();
8.      public List<AudioClip> audio_name_english = new List<AudioClip> ();
9.      void Awake () {
10.         instance = this;
11.     }
12.     void Start () {
13.     }
14.     void Update () {
15.
16.     }
17. }
```

【程序代码说明】

第 5 行：创建 AudioManager 类的静态变量。

第 6～8 行：创建类型为 AudioClip 的对象集合 audio_show、audio_name_china 和 audio_name_english，分别用于存放各个动物的语音介绍、中文名和英文名。

第 10 行：初始化静态变量。

（2）将编写好的 AudioManager.cs 脚本拖曳至 Hierarchy 面板中的 playaudio 上。附加后，在 Inspector 面板中可以看到图 10-36 所示的效果。

步骤❸ 添加音频文件

（1）选中 Hierarchy 面板中的 playaudio 对象，在 Inspector 面板下方展开的 AudioManager 脚本组件，有 audio_show、audio_name_china 和 audio_name_english 几个数组，它们的 Size 都是 0。

（2）将 Audio_show 的 Size 设置为 3。将 Project 面板中的"狮子介绍"、"斑马介绍"和"奶牛介绍"音频拖曳至 Inspector 面板中的 Audio_show 栏，为数组元素赋值，如图 10-37 所示。

图 10-36　为 playaudio 添加脚本组件　　　　　图 10-37　添加音频文件

步骤④ 修改代码

（1）打开 UIManager.cs 脚本，找到 DoMyWindow 函数里的语句并注释掉。

```
1.   audioPlayer.clip = lion_show;
```

（2）添加下面的语句，使得选择不同的数组元素播放不同的语音文件。

```
1.   audioPlayer.clip = AudioManager.instance.audio_show[0];
```

（3）运行软件执行测试，当单击"语音介绍"按钮时播放有关狮子的相关介绍。下面对 UIManager.cs 脚本中 DoMyWindow 函数语句体里的 audio_show 数组元素进行修改，改为数组下标为 1 的元素。

```
1.   audioPlayer.clip = AudioManager.instance.audio_show [1];
```

（4）再次运行软件执行测试，单击"语音介绍"按钮，播放的是"斑马介绍"的语音。至此，为下面的射线判断做好了基础。下面将学习如何用射线判断确定点中的是什么物体。

10.4.2　添加碰撞检测器

步骤① 为 LION 添加碰撞检测器

（1）选中 Hierarchy 面板中的 ImageTarget 对象，在 Inspector 面板中，将 Position 设置为 0，使它位于原点，如图 10-38 所示。

图 10-38　设置 Position

（2）选中 Hierarchy 面板中 ImageTarget 下的 LION 对象，在 Inspector 面板中单击 Add Component 按钮，然后查找 Box Collider 碰撞器并添加，如图 10-39 所示。

图 10-39 添加 Box Collider

（3）这时在 Scene 面板中狮子模型上出现一个绿色的长方体，就是 LION 的碰撞检测器，如图 10-40 所示。

图 10-40 Scene 面板显示效果

（4）调整 Scene 面板中的视角，使狮子在我们面前，这时会发现 Box Collider 在地面以下，如图 10-41 所示。

图 10-41 Box Collider 在地面以下

步骤 ❷ 设置 Box Collider

（1）在 Hierarchy 面板中选中 LION 对象，在 Inspector 面板的 Box Collider 组件中，设置 Center 的 y 值（中心高度）为 1，如图 10-42 所示。

图 10-42　设置 Center 的值

（2）设置完成后 Box Collider 位置会上移，如图 10-43 所示。也可以对 Box Collider 的大小进行设置。

图 10-43　Scene 面板显示效果

步骤③ 设置 ImageTarget(1)和 ImageTarget(2)

（1）将 ImageTarget(1)或 ImageTarget(2)的 Position 设为 0。

（2）同样为 ImageTarget(1)的 ZEBRA 或 ImageTarget(2)的 COW 添加 Box Collider。

（3）将每个 Box Collider 的 Center 中的 y 值设为 1。

（4）Scene 中效果，如图 10-44 所示。

图 10-44　Scene 面板显示效果

10.4.3　判断点击物体

步骤① 创建脚本

（1）创建脚本文件 Select_Target.cs，打开该文件进行编辑：

```
1.  using System.Collections;
2.  using System.Collections.Generic;
3.  using UnityEngine;
4.  public class Select_Target : MonoBehaviour {
5.      public GameObject hitGameObject;
6.      RaycastHit hit;
7.      Ray ray;
8.      void Start () {
9.      }
10.     void Update () {
11.         if (Input.GetMouseButtonDown (0))
12.         {
13.             ray = Camera.main.ScreenPointToRay (Input.mousePosition);
14.             if (Physics.Raycast (ray, out hit))
15.             {
16.                 print ("我点击到了" + hit.collider.name);
17.                 hitGameObject = hit.collider.gameObject;
18.             }
19.         }
20.     }
21. }
```

【程序代码说明】

第 5 行：hitGameObject 对象是射线碰到的对象。

第 6 行：RaycastHit 类型的变量 hit 存储碰撞信息。

第 7 行：ray 射线，就是以某个位置朝某个方向的一条射线。

第 11～19 行：判断有没有按下鼠标左键，如果按下鼠标左键，则会发射射线，并将射线碰撞到的对象赋值给 hitGameObject。

（2）将 Select_Target.cs 脚本附加到 Hierarchy 面板中的 ARCamera 对象上。

步骤② 运行测试

运行软件，在摄像头启动后，把识别图片放在摄像头前。展示斑马图片会显示斑马 3D 模型，点击斑马 3D 模型，会在控制台显示"我点击到了 ZEBRA"；展示狮子图片会显示狮子的 3D 模型，点击狮子的 3D 模型，会在控制台显示"我点击到了 LION"；展示奶牛图片会显示奶牛的 3D 模型，点击奶牛的 3D 模型，会在控制台显示"我点击到了

COW"，如图 10-45 所示。这表明已经通过射线完成对选定物体的判断。

图 10-45 判断点击物体

10.4.4 播放点击对象的中文名

上面已经通过射线判定出点击的是哪个对象，下面修改 Select_Target.cs 脚本，使得点击不同对象时能播放其中文名。

（1）首先添加下面两个变量，创建 Select_Target 类的静态单例，创建 AudioSource 变量 AudioManagerPlay。

```
1.      public static Select_Target instance;
2.      public AudioSource AudioManagerPlay;
```

（2）创建 Awkae()函数，并添加语句对静态单例进行初始化。

```
1.  void Awake()
2.  {
3.      instance = this;
4.  }
```

（3）在 Select_Target.cs 脚本中添加 PlayAudio()函数，判断碰撞到的对象的名字，根据点击的对象不同，选择不同的音频进行播放。

```
1.  void PlayAudio(GameObject hittarget)
2.  {
3.      switch (hittarget.name) {
4.      case "LION":
5.          AudioManagerPlay.clip = AudioManager.instance.audio_name_china [0];
6.          AudioManagerPlay.Play ();
7.          break;
8.      case "ZEBRA":
9.          AudioManagerPlay.clip = AudioManager.instance.audio_name_china [1];
```

```
10.        AudioManagerPlay.Play ();
11.        break;
12.    case "COW":
13.        AudioManagerPlay.clip = AudioManager.instance.audio_name_
china [2];
14.        AudioManagerPlay.Play ();
15.        break;
16.    }
17. }
```

【程序代码说明】

第 3 行：switch 中判断的是射线碰到的碰撞体的名字。

第 4~6 行：如果碰撞体的名字是 LION，则播放 audio_name_china [0]。

（4）给上面函数中涉及的 audio_name_china 数组赋值，在 Hierarchy 面板中选中 playaudio，展开对应的 Inspector 面板的 Audio Manager 组件，为 audio_name_china 赋值。从 Projcet 面板中将狮子、斑马、奶牛这 3 个中文名称的音频文件拖拽到 Audio_name_china 栏中，如图 10-46 所示。

图 10-46　中文名数组赋值

（5）在 Select_Target.cs 脚本的 Update 函数里添加语句，使得当有物体被点中时，调用 PlayAudio()函数。

```
1.  PlayAudio (hitGameObject);
```

（6）在 Hierarchy 面板中选中 ARCamera 对象，将 Hierarchy 面板的 playaudio 对象拖进 ARCamera 对象的 Audio Manager Play 中，如图 10-47 所示。

图 10-47　变量赋值

（7）运行软件进行测试，展示不同的图片会出现不同的动物模型。点击狮子，会播放狮子的中文名；点击斑马，会播放斑马的中文名；点击奶牛，会播放奶牛的中文名。

10.4.5 播放点击对象的语音介绍

（1）修改 UIManager.cs 脚本，注释掉 DoMyWindow 函数里的部分语句，并添加代码如下。

```
1.  void DoMyWindow (int window)
2.  {
3.      ......
4.      if (openAudio) {
5.          openAudio = false;
6.          //audioPlayer.clip = lion_show;
7.          //audioPlayer.clip = AudioManager.instance.audio_show[1];
8.          //audioPlayer.Play ();
9.          switch (Select_Target.instance.hitGameObject.name) {
10.         case "LION":
11.             audioPlayer.clip = AudioManager.instance.audio_show
[0];
12.             audioPlayer.Play ();
13.             break;
14.         case "ZEBRA":
15.             audioPlayer.clip = AudioManager.instance.audio_show
[1];
16.             audioPlayer.Play ();
17.             break;
18.         case "COW":
19.             audioPlayer.clip = AudioManager.instance.audio_show
[2];
20.             audioPlayer.Play ();
21.             break;
22.         }
23.     }
24.     ......
25. }
```

【程序代码说明】

第 9 行：switch 中判断的是射线碰到的碰撞体的名字，通过调用 Select_Target 类静态变量 instance 来获得碰撞体的名字。

第 10～12 行：如果碰撞体的 name 是 LION，则播放 AudioManager 类中数组 audio_show 的第 0 个音频。

（2）运行软件进行测试。单击斑马 3D 模型，会先播放斑马中文名，然后单击"语音介绍"按钮，会播放斑马的语音介绍；单击狮子 3D 模型，会先播放狮子中文名，然后单击"语音介绍"按钮，会播放狮子的语音介绍。奶牛也同理。

展示不同图片，会显示不同的 3D 模型。点击不同的模型，会先播放它的中文名称，再单击"语音介绍"按钮，会播放相应对象的语音介绍。可以在多个模型间切换，播它们的名称和语音介绍。

10.4.6　显示点击对象的文字介绍

（1）修改 UIManager.cs 脚本，在脚本头部添加字符串类型的 List 集合：

```
1.  public List<string> animal_text = new List<string> ();
```

（2）选中 Hierarchy 面板中的 ARCamera，在 Inspector 面板中为 UI Manager 脚本组件中的 Animal_text 变量赋值，先将 Size 设置为 3，然后设置 Element 0～Element 2 的值，如图 10-48 所示。

图 10-48　为文本数组赋值

（3）回到 UIManager.cs 脚本中，找到 DoMyWindow()函数中的 if(openText)语句，先注释掉原 GUILayout.Label(lion_text); 并添加代码如下。

```
1.  void DoMyWindow (int window)
2.  {
3.     ......
4.     if (openText) {
5.        //GUILayout.Label (lion_text);
6.        switch (Select_Target.instance.hitGameObject.name) {
7.        case "LION":
8.           GUILayout.Label (animal_text[0]);
9.           break;
10.       case "ZEBRA":
11.          GUILayout.Label (animal_text[1]);
12.          break;
13.       case "COW":
14.          GUILayout.Label (animal_text[2]);
15.          break;
16.       }
17.    }
18.    ......
```

```
19.     }
20. }
```

【程序代码说明】

第 6 行：switch 中判断的是射线碰到的碰撞体的名字，通过调用 Select_Target 类静态变量 instance 来获得碰撞体的名字。

第 7～8 行：如果碰撞体的 name 是 LION，则显示 animal_text[0]。

（4）运行软件进行测试，展示不同图片出现不同模型。点击斑马模型，再单击"文字介绍"按钮，会在 Window 下方显示"斑马……"文字介绍。点击狮子模型，再单击"文字介绍"按钮，会在 Window 下方显示"狮子……"文字介绍。点击奶牛模型，再单击"文字介绍"按钮，会在 Window 下方显示"奶牛……"文字介绍。

（5）将软件进行发布，安装到手机上，可识别狮子、斑马、奶牛图片，并播放它们的中文名字；单击"文字介绍"按钮，会在 Window 中显示被点击模型的文字内容，单击"语音介绍"按钮，会播放被点击模型的语音介绍。

10.4.7　播放点击对象的各种动画

每一个 3D 动物模型自身附带有多种动画，下面实现获取一个 3D 模型的所有动画，并且为其自动创建按钮，通过单击按钮能查看 3D 动物模型的各种动画。

步骤 1 获取动画列表

（1）创建脚本文件 THEANIMAL.cs，打开文件进行编辑。

```
1.  using System.Collections;
2.  using System.Collections.Generic;
3.  using UnityEngine;
4.  public class THEANIMAL : MonoBehaviour
5.  {
6.      public List<AnimationClip> theaction_name = new List
<AnimationClip> ();
7.      void Start ()
8.      {
9.          foreach (AnimationState animationState in this.
GetComponent<Animation>()) {
10.             theaction_name.Add (animationState.clip);
11.         }
12.     }
13.     void Update ()
14.     {
15.
16.     }
17. }
```

【程序代码说明】

第 6 行：创建类型为 AnimationClip 的对象集合。

第 9～10 行：遍历对象的 Animation 组件，获取动画列表添加到 theaction_name 集合。

（2）将该脚本添加到 Hierarchy 面板的 LION、ZEBRA 和 COW 三个对象上，效果如图 10-49 所示。可以看到 Theaction_name 的 Size 为 0。

（3）运行软件进行测试，只需要在 Hierarchy 面板中单击 LION 等对象，会发现 Theaction_name 已经被自动赋值，效果如图 10-50 所示。表明已经自动获得各 3D 模型的动画列表。

图 10-49　添加脚本组件

图 10-50　获取动画列表

步骤② 修改 UIManager.cs 脚本

根据前面获取的动画列表，自动增加动画列表按钮。另外修改窗口大小和显示方式，窗口不再一直显示在屏幕上，而是单击 3D 模型的时候显示窗口，单击"关闭窗口"按钮时可以将窗口关闭。完整的 UIManager.cs 脚本如下。

```
1.  using System.Collections;
2.  using System.Collections.Generic;
3.  using UnityEngine;
4.  public class UIManager : MonoBehaviour
5.  {
6.      public Rect window01 = new Rect (0, 0, 600, 600);
7.      public AudioSource audioPlayer;
8.      public bool openText = false;
9.      public bool openAudio = false;
10.     public bool closeAudio = false;
11.     public List<string> animal_text = new List<string> ();
12.
```

```
13.    public bool toggleImg = false;
14.    public bool openWindows = false;
15.    [Range (0, 300)]
16.    public int button_with = 200;
17.     [Range (0, 50)]
18.    public int button_heigh = 25;
19.
20.    void Start ()
21.    {    }
22.    void Update ()
23.    {    }
24.    void OnGUI ()
25.    {
26.        if (openWindows) {
27.            window01 = GUI.Window (0, window01, DoMyWindow, "My
Windows");
28.        }
29.    }
30.    void DoMyWindow (int window)
31.    {
32.        GUILayout.BeginHorizontal ();
33.        if (GUILayout.Button ("文字介绍", GUILayout.Width (100),
GUILayout.Height (50))) {
34.            openText = !openText;
35.        }
36.        if (GUILayout.Button ("语音介绍", GUILayout.Width (100),
GUILayout.Height (50))) {
37.            openAudio = true;
38.        }
39.        if (GUILayout.Button ("关闭语音介绍", GUILayout.Width (100),
GUILayout.Height (50))) {
40.            closeAudio = true;
41.        }
42.        if (GUILayout.Button ("关闭窗口", GUILayout.Width (100),
GUILayout.Height (50))) {
43.            openWindows = false;
44.        }
45.        GUILayout.EndHorizontal ();
46.
47.        if (openText) {
48.            switch (Select_Target.instance.hitGameObject.name) {
49.            case "LION":
50.                GUILayout.Label (animal_text [0]);
```

```
51.                  break;
52.              case "ZEBRA":
53.                  GUILayout.Label (animal_text [1]);
54.                  break;
55.              case "COW":
56.                  GUILayout.Label (animal_text [2]);
57.                  break;
58.              }
59.
60.          }
61.          if (openAudio) {
62.              openAudio = false;
63.              switch (Select_Target.instance.hitGameObject.name) {
64.              case "LION":
65.                  audioPlayer.clip = AudioManager.instance.audio_
show [0];
66.                  audioPlayer.Play ();
67.                  break;
68.              case "ZEBRA":
69.                  audioPlayer.clip = AudioManager.instance.audio_
show [1];
70.                  audioPlayer.Play ();
71.                  break;
72.              case "COW":
73.                  audioPlayer.clip = AudioManager.instance.audio_
show [2];
74.                  audioPlayer.Play ();
75.                  break;
76.              }
77.          }
78.          if (closeAudio) {
79.              closeAudio = false;
80.              audioPlayer.Stop ();
81.          }
82.
83.          GUI.DragWindow (new Rect (0, 0, 150, 50));
84.
85.          GUILayout.Label ("动画播放列表", GUILayout.Width (300),
GUILayout.Height (30));
86.          toggleImg = GUILayout.Toggle (toggleImg, "是否循环动画",
GUILayout.Width (300), GUILayout.Height (50));
87.          GUILayout.Space (5);
88.          if (toggleImg)
```

```
89.            Select_Target.instance.hitGameObject.GetComponent
<Animation> ().wrapMode = WrapMode.Loop;
90.        else
91.            Select_Target.instance.hitGameObject.GetComponent
<Animation> ().wrapMode = WrapMode.Once;
92.
93.        if (Select_Target.instance.hitGameObject != null) {
94.            for (int i = 0; i < Select_Target.instance.hitGameObject.
GetComponent<THEANIMAL> ().theaction_name.Count; i++) {
95.                GUILayout.BeginVertical ();
96.
97.                if (GUILayout.Button (Select_Target. instance.
hitGameObject.GetComponent<THEANIMAL> ().theaction_name [i].name, GUILayout.
Width (button_with), GUILayout.Height (button_heigh))) {
98.                    Select_Target.instance.hitGameObject.
GetComponent<Animation> ().clip = Select_Target.instance.hitGameObject.
GetComponent<THEANIMAL> ().theaction_name [i];
99.
100.                    Select_Target.instance.hitGameObject.
GetComponent<Animation> ().wrapMode = WrapMode.Once;
101.
102.                    Select_Target.instance.hitGameObject.
GetComponent<Animation> ().Play ();
103.                }
104.                GUILayout.EndVertical ();
105.            }
106.        }
107.    }
108. }
```

【程序代码说明】

第 13 行：public bool toggleImg = false;用于控制是否循环播放动画。

第 14 行：public bool openWindows = false;用于控制是否打开窗口。

第 26～28 行：当 openWindows=true 时才打开窗口。

第 32～45 行：从 GUILayout.BeginHorizontal ();到 GUILayout.EndHorizontal ();用于控制控件横向布局。

第 86 行：用于创建一个复选框，如果勾选该复选框，toggleImg=true。

第 88～91 行：如果 toggleImg=true，设置循环播放动画，否则只播放一次动画。

第 93～104 行：选中一个对象，根据获取的该对象的动画列表创建按钮，按钮纵向布局。

第 98～102 行：用于设置动画剪辑和播放动画剪辑。

步骤 3 修改 Select_Target.cs 脚本

（1）添加 UIManager 类型的变量 UIManager_Object

```
1.  public UIManager UIManager_Object;
```

（2）在 Start()函数中初始化 UIManager_Object

```
1.  UIManager_Object = this.GetComponent<UIManager> ();
```

（3）添加语句 UIManager_Object.openWindows = true;表示射线碰到 3D 碰撞体后，设置 openWindows 为 true，使得点击 3D 模型后才打开窗口。

```
1.  void Update () {
2.      if (Input.GetMouseButtonDown (0))
3.      {
4.          ray = Camera.main.ScreenPointToRay (Input.mousePosition);
5.          if (Physics.Raycast (ray, out hit))
6.          {
7.              print ("我点击到了" + hit.collider.name);
8.              hitGameObject = hit.collider.gameObject;
9.              PlayAudio (hitGameObject);
10.             UIManager_Object.openWindows = true;
11.         }
12.     }
13. }
```

步骤 4 运行测试

现在运行软件后启动了摄像头，没有显示出窗口。当展示图片的时候，会显示动物的 3D 模型，点击 3D 模型才会显示出窗口，效果如图 10-51 所示。单击"关闭窗口"按钮会关闭该窗口。

图 10-51　播放点击对象的动画

窗口横向排放四个按钮，分别是"文字介绍""语音介绍""关闭语音介绍"和"关闭窗口"。下面是纵向排放的动画列表按钮，单击按钮可以播放对应的动画，单击按钮后默认只播放一次动画，勾选"是否循环动画"复选框后，会循环播放对应的动画。

━━━━━━ 知 识 总 结 ━━━━━━

自动创建动画列表按钮的框架如下。

```
1.  for (int i = 0; i < Select_Target.instance.hitGameObject.
GetComponent<THEANIMAL> ().theaction_name.Count; i++) {
2.          GUILayout.BeginVertical ();
3.
4.          if (GUILayout.Button (Select_Target.instance.
hitGameObject.GetComponent<THEANIMAL> ().theaction_name [i].name, GUILayout.
Width (button_with), GUILayout.Height (button_heigh))) {
5.              ......
6.          }
7.          GUILayout.EndVertical ();
8.  }
```

【程序代码说明】

第 1 行：Select_Target.instance.hitGameObject.GetComponent<THEANIMAL>().theaction_name.Count 返回选中对象的动画数量。

第 4 行：GUILayout.Button (Select_Target.instance.hitGameObject.GetComponent <THE-ANIMAL> ().theaction_name [i].name, GUILayout.Width (button_with), GUILayout.Height (button_heigh))用于创建按钮，按钮上的文本就是动画名。

第 2 行、第 7 行用于控制按钮的布局方式为纵向排列。

🔷 试一试

（1）请为窗口添加"英文名字"按钮，点击不同对象能够播放对应的英文名。

（2）请自行设计一款 3D AR 教育软件，模型、音频、文本都自行准备，可以是植物模型、角色模型等。注意作品要有教育意义，讲授自然科学知识或者讲授社会科学人文知识，要求：至少有两种模型，每种模型都有动画；可以识别多张图片；点击对象可以弹出窗口；点击不同的对象可以对相应的对象进行介绍；可以进行语音、文本介绍；可以播放模型的动画；为模型之间添加交互功能。最终将项目发布成*.apk 格式的文件。